“特色经济林丰产栽培技术”丛书

核 桃

王贵　张彩红　武静 ◎ 主编

中国林业出版社

内容提要

本书由山西省林业科学研究院核桃科研团队编著。全书较详细地介绍了我国核桃主要优良栽培品种、生物学特性、育苗技术、新建园及综合栽培管理技术、病虫害防治、采收、贮藏保鲜、核桃园成本管理及经营效益。全书内容详实，技术操作性强，希望能为广大核桃栽培者、基层农技人员及其他核桃产业从业人员提供一定帮助和启示。

图书在版编目(CIP)数据

核桃/王贵，张彩红，武静主编．—北京：中国林业出版社，2020.6
(特色经济林丰产栽培技术)

ISBN 978-7-5219-0588-5

Ⅰ.①核… Ⅱ.①王… ②张… ③武… Ⅲ.①核桃－果树园艺 Ⅳ.①S664.1

中国版本图书馆 CIP 数据核字(2020)第 084998 号

责任编辑：李敏　王越

出版发行　中国林业出版社(100009　北京市西城区德胜门内大街刘海胡同 7 号)
电话：(010)83143575　http://www.forestry.gov.cn/lycb.html
印　　刷　河北京平诚乾印刷有限公司
版　　次　2020 年 10 月第 1 版
印　　次　2020 年 10 月第 1 次
开　　本　880mm × 1230mm　1/32
印　　张　4.25
彩　　插　4 面
字　　数　126 千字
定　　价　35.00 元

“特色经济林丰产栽培技术”丛书

编辑委员会

《特色经济林丰产栽培技术——核桃》编委会

主　编：王　贵　张彩红　武　静

副主编：赵　罕　宁明世

编写人员（以姓氏笔画为序）：

王金中　王建义　王　贵　王海荣

宁明世　任晓平　刘欣萍　张彩红

武　静　赵　罕　贺　奇　梁同灵

梁新民　燕晓晖

序

党的十八大以来，习近平总书记围绕生态文明建设提出了一系列新理念、新思想、新战略，突出强调绿水青山既是自然财富、生态财富，又是社会财富、经济财富。当前，良好生态环境已成为人民群众最强烈的需求，绿色林产品已成为消费市场最青睐的产品。在保护修复好绿水青山的同时，大力发展绿色富民产业，创造更多的生态资本和绿色财富，生产更多的生态产品和优质林产品，已经成为新时代推进林草工作重要使命和艰巨任务，必须全面保护绿水青山，积极培育绿水青山，科学利用绿水青山，更多打造金山银山，更好实现生态美百姓富的有机统一。

经过70年的发展，山西林草经济在山西省委省政府的高度重视和大力推动下，层次不断升级、机构持续优化、规模节节攀升，逐步形成了以经济林为支柱、种苗花卉为主导、森林旅游康养为突破、林下经济为补充的绿色产业体系，为促进经济转型发展、助力脱贫攻坚、服务全面建成小康社会培育了新业态，提供了新引擎。特别是在经济林产业发展上，充分发挥山西省经济林树种区域特色鲜明、种质资源丰富、产品种类多的独特优势，深入挖掘产业链条长、应用范围广、市场前景好的行业优势，大力发展红枣、核桃、仁用杏、花椒、柿子“五大传统”经济林，积极培育推广双季槐、皂荚、连翘、沙棘等新型特色经济林。山西省现有经济林面积1900多万亩，组建8816个林业新型经营主体，走过了20世纪六七十年代房前屋后零星种植、八九十年代成片成带栽培、21 世纪基地化产业化专业化的跨越发展历程，林草生态优势正在转变为发展优势、产业优势、经济优势、扶贫优势，成为推进林草事业实现高质量发展不可或缺的力量，承载着贫困地区、边远山区、广大林区群众增收致富的梦想，让群众得到了看得见、摸得着的获得感。

随着党和国家机构改革的全面推进，山西林草事业步入了承前启后、继往开来、守正创新、勇于开拓的新时代，赋予经济林发展更加艰巨的使命担当。山西省委省政府立足践行“绿水青山就是金山银山”的理念，要求全省林草系统坚持“绿化彩化财化”同步推进，增绿增收增效协调联动，充分挖掘林业富民潜力，立足构建全产业链推进林业强链补环，培育壮大新兴业态，精准实施生态扶贫项目，构建有利于农民群众全过程全链条参与生态建设和林业发展的体制机制，在让三晋大地美起来的同时，让绿色产业火起来、农民群众富起来，这为山西省特色经济林产业发展指明了方向。聚焦新时代，展现新作为。当前和今后经济林产业发展要走集约式、内涵式的发展路子，靠优良种源提升品质、靠管理提升效益、靠科技实现崛起、靠文化塑造品牌、靠市场打出一片新天地，重点要按照全产业链开发、全价值链提升、全政策链扶持的思路，以拳头产品为内核，以骨干企业为龙头，以园区建设为载体，以标准和品牌为引领，变一家一户的小农家庭单一经营为面向大市场发展的规模经营，实现由“挎篮叫买”向“产业集群”转变，推动林草产品加工往深里去、往精里做、往细里走，以优品质、大品牌、高品位发挥林草资源的经济优势。

正值全省上下深入贯彻落实党的十九届四中全会精神，全面提升林草系统治理体系和治理能力现代化水平的关键时期，山西省林业科技发展中心组织经济林技术团队编写了“特色经济林丰产栽培技术”丛书。文山同志将文稿送到我手中，我看了之后，感到沉甸甸的，既倾注了心血，也凝聚了感情。红枣、核桃、杜仲、扁桃、连翘、山楂、米槐、皂荚、花椒、杏10个树种，以实现经济林达产达效为主线，围绕树种属性、育苗管理、经营培育、病虫害防治、圃园建设，聚焦管理技术难点重点，集成组装了各类丰产增收实用方法，分树种、分层级、分类型依次展开，既有引导大力发展的方向性，也有杜绝随意栽植的限制性，既擘画出全省经济林发展的规划布局，也为群众日常管理编制了一张科学适用的生产图谱。文山同志告诉我，这套丛书是在把生产实际中的问题搞清楚、把群众的期望需求弄明白之后，经过反复研究修改，数次整体重构，经过去粗取精、由表及里的深入思考和分析，历经两年才最终成稿。我们开展任何工作必须牢固树立以人民为中心的思想，多做一些打基础、利长远的好事情，真正把群众期盼的事情办好，这也是我感到文稿沉甸甸的根本原因。

科技工作改善的是生态、服务的是民生、赋予的是理念、破解的是难题、提升的是水平。文稿付印之际，衷心期待山西省林草系统有更多这样接地气、有分量的研究成果不断问世，把经济林产业这一关系到全省经济转型的社会工程，关系到林草事业又好又快发展的基础工程，关系到广大林农切身利益的惠民工程，切实抓紧抓好抓出成效，用科技支撑一方生态、繁荣一方经济、推进一方发展。

山西省林业和草原局局长

2019年12月

前言

核桃是世界著名的坚果，是我国重要的经济树种，栽培历史悠久，分布十分广泛，在农村经济发展和农民脱贫致富方面起到了极其重要的作用。21 世纪以来，由于党和政府的大力支持，核桃产业迅猛发展，核桃产业出现了空前的喜人景象，为农民脱贫致富找到了切入点。但目前核桃的单位面积产量较低，经济效益滞后，表现为一些幼树不能适龄结果，一些大树适龄结果较少，产品质量差异较大。有些核桃园品种严重混杂，有些树未老先衰，病虫害严重，甚至过早死亡。造成这种状况的主要原因是缺乏科学规划和管理，其中包括核桃树的树上树下管理。

近年来，我们坚持科研与生产紧密结合，逐步建立和完善核桃栽培管理与整形修剪中的数字化理论。通过综合管理实践，得出可靠结论，再经过反复实践，确认数字化理论的正确性和在管理实践中指导的规范性，从而实现核桃园的科学管理，使良种核桃产量达到每公顷 3000 千克以上，最高达到 7000 千克以上。

为此，我们编写了本书，希望能在农村产业结构调整，促进核桃产业可持续健康发展中发挥一点作用。

限于我们的技术水平，编写时间又较短促，书中不妥之处，敬请各位同仁批评指正。

王贵　张彩红　武静
2019 年 11 月

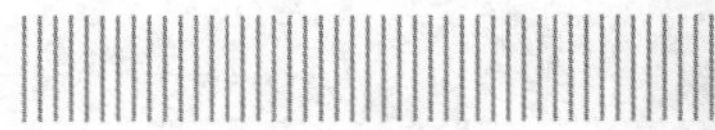

目 录

第一章 核桃概述

我国是世界核桃生产与消费大国，栽培面积与产量多年位居世界第一，追溯历史源远流长。我们的祖先很早就栽培核桃，并总结出了一套完整的管理经验。但随着自然科学和机械、物理、化学、材料等方面科学的发展，核桃产业的发展也迈向了一个新的历史阶段。

一、世界核桃生产及科研概况

(一) 生产概况

核桃是世界著名的五大干果之一（核桃、扁桃、榛子、巴西果和腰果），世界上有 50 多个国家生产核桃，主要是中国、美国、伊朗、土耳其、乌克兰和墨西哥等国家。20 世纪 50 年代世界核桃年产量约 10 万吨，其中美国就占了 7 万吨，到 2016 年，世界核桃年总产量达到 374. 76 万吨，可见发展速度之快。其中中国 178. 59 万吨，占总产量的 47. 65%，位居之首；美国年产量 60. 78 万吨，占总产量的 16. 22%，位居第二；伊朗 40. 53 万吨，占总产量的 10. 82%，居世界第三位；土耳其 19. 5 万吨，占总产量的 5. 2%，居世界第四位。四个主产国产量占到世界总产量的 80%（表 1-1）。

1. 美国

美国现有核桃园面积约 14. 0 万公顷，结果面积 12. 67 万公顷，每公顷平均产量 4800 千克，最高达 7500 千克以上，是世界上核桃单产较高的国家。美国核桃生产的突出特点是：

表 1-1　世界各主产国核桃产量表(2016 年)　　吨

年份	中国	美国	伊朗	土耳其	其他	世界
2010	1284351	457221	268135	178142	579760	2767609
2011	1655508	418212	280275	183240	661703	3198938
2012	2022328	497000	284421	203212	653186	3660147
2013	1432984	446334	222610	212140	693869	3007937
2014	1580940	518002	403158	180807	702966	3385873
2015	1683409	547032	420000	190000	749210	3589651
2016	1785879	607814	405281	195000	753575	3747549

注：联合国粮食与农业组织估计数字。

(1)产地集中，稳定发展：美国加利福尼亚州占全国核桃面积的 99%，而州内 6 县又集中了全美国的 85%，产区相对集中，极有利于生产的发展与加工。

(2)产供销一体，经济效益高：美国核桃生产为企业式经营，生产、加工、销售统一，在各产区都建有加工中心，实行联合加工，美国“钻石核桃”公司经销了全美国 1/2 以上的核桃产品，它是由核桃园主组成的民办企业。联合加工成本低、质量高。在美国核桃生产盈利较高，仅次于柑橘。

(3)重视科研与技术推广：美国农业部组织加利福尼亚大学的科技人员对品种与砧木、栽培技术、病虫害综合防治和加工进行了系统的研究。“钻石公司”在核桃生产的总收入中要提取 1/100 作为科研基金，设在加利福尼亚大学的开发中心，通过各产区的农民技术顾问及时推广培育的新品种和取得的新技术，从而使核桃每公顷产量高达 7500 千克以上。

(4)生产实行集约经营，管理全部实现机械化：核桃生产在美国早就实现了栽培良种化、管理园艺化。普遍采用嫁接繁殖技术，栽植时配置授粉树。老园株行距 13～15 米 ×18 米，新建核桃园为了早期丰产，其晚实品种株行距为 12 米 ×12 米，早实品种株行距 8 米 ×8 米，一般 12～15 年生树冠开始郁闭，对过密的园进行疏伐、树体

修剪。施肥、灌水、除草、防治病虫害及采收全部实现了机械化。美国是土地私有制国家，有5000多个农场主，平均每个农场主的经营面积为33~70公顷，小的农场主也有20~33公顷。

2. 伊朗

伊朗是世界核桃栽培最古老的国家之一，年产量40.53万吨，结果面积15万公顷，平均每公顷产量为2643.3千克。伊朗十分重视核桃产业的发展，德黑兰大学的Koursh Vahdati教授活跃在国际园艺学会，曾多次参加国际核桃大会，2015年曾选派博士到山西省林业科学研究院留学，进行核桃研究。

3. 土耳其

土耳其也是产量较大的国家之一，核桃栽培面积8.67万公顷，结果面积约6.67万公顷，平均每公顷产量为2925千克。20世纪80年代年产量与我国相近，1977—1984年平均产量为12.9万吨，最高达5万吨，仅次于美国和中国。在1964年以前，土耳其产量居世界第二位，土耳其核桃产业发展较快，正走向良种化栽培，同伊朗一样，在国际上具有重要影响。

世界上有很多国家核桃栽培水平很高，单位面积的产量比美国还高，如埃及、智利等国。

（二）科研概况

世界各国研究的内容均是从产量、品质、抗性以及各国生产实践中出现的问题而选择的，大致从三个方面研究。

1. 品种改良

美国是一个年轻又强大的核桃主产国。美国不是核桃原产国，作为引进树种，1867年，美国建立第一个核桃园，至今栽培历史只有150多年。美国从1947—1978年在加利福尼亚大学系统进行了核桃杂交育种的研究工作，陆续进行了100多个杂交组合，获得了上千株子代苗，经过评定选出13个新品种，也就是美国先前的主栽品种。当时栽培面积较多的是‘哈得利’（晚实）、‘培尼’‘福兰奎蒂’‘希尔’‘优而加’（均为译名）。美国品种最早是1890年从法国引入后杂交培育而成。1979 年育成了‘强特勒’(Chandler)。40 年来，‘强特勒’成为美国的主栽品种，面积占到60%以上，而且是出口到世界各地的主要品种。‘强特勒’以此独特的丰产、果个匀、仁色浅特性独领风骚。世界许多国家都引进了‘强特勒’，我国从 20 世纪 90 年代引进，某些地区表现较好。

美国从 1982 年开始了核桃抗性育种的研究，目前主要以抗黑线病、根腐病为育种目标，通过杂交、回交、遗传工程、诱发突变等新的育种技术选育抗病品种和砧木，2008 年从奇异核桃(Paradox)中杂交选出了‘RX1’砧木品种，具有抗黑线病的能力，目前正在测试当中；新选出的‘VX211’砧木品种具有矮化特性，可盆栽。‘VX211’有抗根瘤菌和线虫的特性，也抗疫霉病菌；新选育出的 Villach 品种具有矮化特性，是一个商业的标准化的奇异核桃(*J. hindsii* × *J. regia*)。上述三个砧木品种均为专利新品种。今后将陆续扩大对其他病害、线虫、盐害、水淹等抗性育种工作。

土耳其的良种选育工作从 1969 年开始，主要由雅洛瓦(Yalova)的土耳其国家园艺科学研究与培训中心负责进行。

法国原有品种 150 多个，经过选择现在只推广 7 个品种，主要品种是福兰奎蒂(Franquety)、玛爱蒂(产量低，为福兰奎蒂的授粉品种)、巴黎色尼、考尼及葡萄串等。保加利亚、德国、罗马尼亚、捷克斯洛伐克、俄罗斯等国都选出了各自的优良品种，世界核桃发展的总趋势是品种良种化、建园标准化、栽培集约化、管理园艺化，产供销一体化。

2. 栽培技术的改进

美国在 20 世纪 70 年代主要研究灌溉和施肥，现在已取得较系统的成果。例如核桃水分生理、核桃园蒸腾测定以及合理灌溉的具体措施；核桃氮、碳素同化和树体营养诊断的研究及施肥量的确定方法等。目前着重于微量元素和盐害的研究。加利福尼亚州发现较普遍的硼中毒、缺锌症及氯钠等盐害。随着核桃园早实密植后，出现了密闭现象，影响了产量和品质。自 1975 年前后即开始了修剪、

疏伐的试验，并取得了初步成果。篱式密植栽培在试验。无性繁殖技术，着眼于扦插、茎段离体培养等研究，在生根处理上已有突破性进展，但是无性系苗木生长较弱。

土耳其的无性繁殖技术和选优几乎同步进行。1969 年开始选优，1970 年开始用嫁接的方法繁殖苗木，在这方面主要进行了营建采穗圃和提高嫁接成活率的工作，并取得了明显的进展。目前正在向良种化栽培发展。

(三) 贸易概况

世界核桃的出口贸易主要表现在美国，每年出口核桃 30 万~40 万吨，主要销往欧洲、日本及东南亚等地。我国出口数量日渐减少，进口核桃越来越多，2016 年前后，每年约进口美国及澳大利亚带壳核桃 6 万吨。进口核桃的价格与国内价格相近。世界核桃的贸易取决于各国的经济发展水平和人民生活的需求，而我国核桃出口贸易则取决于坚果的质量，质量的竞争将决定占领国际市场的份额。

(四) 市场预测

截至2017 年，世界人口约75 亿，我国人口 14. 05 亿，占世界人口总数的 18. 82% 。根据联合国粮食与农业组织统计数据，2016 年世界核桃总产量为 374. 76 万吨，世界人均占有核桃量为 0. 5 千克。我国人均核桃占有量 1. 27 千克，美国为 1. 88 千克。世界核桃市场前景广阔，我国核桃产量和质量有待提高，特别是质量的提高，发展品牌战略可增加我国在国际市场的竞争能力，有望走向世界。

二、我国核桃生产及科研概况

(一) 栽培历史及分布

我国核桃栽培历史悠久，面积大，分布广，据历史书籍记载，我国核桃是在汉朝张骞出使西域时(公元前 122 年)带回的(伊朗→印度→中国)，至今约有两千多年的历史。近年来，考古学家在河北省武安县磁山村发现了距今 7355 ± 100 年的原始社会遗址(新石器时代)的出土文物中有炭化的核桃，经中国科学院植物研究所鉴定是普通核桃(*J. regia*)；在西安半坡村原始氏族公社部落遗址的出土文物，距今6000年，经中国农业大学和中国科学院植物研究所分析后，也发现了核桃孢粉；中国科学院(1966—1968年)在西藏聂聂雄拉湖相沉积中也发现丰富的核桃和山核桃孢粉，考古察今，分析论证，确切证明我国是世界核桃原产中心之一。从而使讹传多年的中国核桃来自外国的说法得以澄清。

我国核桃根据杨文衡教授的分法有三个较大的中心。一是大西北，包括新疆、青海、西藏、甘肃、陕西；二是华北，包括山西、河南、河北及华东区的山东；三是云南、贵州，为泡核桃栽培中心，各地均有许多优良品种和优系。

(二)生产概况

我国核桃栽培面积约600多万公顷，结果面积约487万公顷，其余为新栽面积。2016年核桃产量约178.58万吨(表1-2)，平均每公顷产量为3667.05千克。进入21世纪以来，我国核桃发展速度很快，特别是2006年以来，由于社会需求较大，核桃价格上涨，产品供不应求，果农发展核桃生产的积极性十分高涨。核桃良种的育成与推广，使核桃产业发生了根本性变化。目前我国核桃产业的标准化及产品质量在逐步提高，随着品牌战略的实施，将会大大提高在国际市场的竞争能力。

表1-2　2010—2016年中国核桃产量

年份	产量(吨)	年份	产量(吨)
2010	1284351	2014	1580940
2011	1655508	2015	1683409
2012	2022328	2016	1785879
2013	1432948	—	—

(三)科研概况

20世纪50~60年代主要搞调查研究、杂交育种、引种区试工作，分类仍以农家品种为主。从60年代开始，早晚实核桃的良种选

育工作，到“六五”期间，各省份基本上都选出了当地的优良株系。“七五”期间对各省份选出的早实优系进行了全国区域试验，并选出了北方 16 个早实核桃新品种。

山西的核桃选优工作正式从 1976 年开始，1978 年选出第一批优育单株 10 株；1981 年选出第二批优树 13 株；1984 年选出了 93 株优树。为了尽快培育品种，山西省林科院于 1985 年制定了新的选优方案，并对历年所选优树和新选优树进行了决选工作，选出了 35 株早晚实优良单株，并通过了省级鉴定。“七五”期间山西在参加全国科研协作的同时，狠抓了本地优良品种的培育，‘晋龙 1 号’就是 1990 年 5 月通过省级鉴定的全国第一个晚实核桃新品种。1994 年选育出‘晋龙 2 号’和‘晋丰’(早实)两个品种，2004 年选育出‘晋香’品种，2011 年选育出‘晋 RS－1 系’核桃砧木品种，1995 年引进罗马尼亚核桃品种，‘赛比赛尔 44’‘乔杰尤 65’两个罗马尼亚品种引种成功，以上 7 个品种均通过山西省林木良种审定委员会审定。

山西林科院先后在汾阳、屯留、交城和孝义成立了四个核桃试验站，面积和种源每次都有增加。汾阳和孝义两个试验站还建立了核桃种质基因库，收集优良种源 122 个。21 世纪以来，着重选育核桃砧木品种和具有国际水准的栽培品种。2010、2012 年以晋 RS－1～3 和 0801～0802 为种源，播种 1 万多粒种子，进行实生选种，先后已经选育出 100 多个优良单株，抗晚霜核桃新品种‘孝核 1 号’和’孝核 2 号‘已于 2018 年 8 月申报国家林业局新品种知识产权保护，即将申请品种审定。2018 年是一个特殊的年份，我国北方地区清明节遭受－7～－3℃的低温霜冻危害，持续时间 3～5 天，但对抗晚霜品种选育来讲是个难得的机会，孝义市碧山核桃科技有限公司在试验地内发现 20 多个抗晚霜优系，这就为今后系列化抗晚霜后品种选育奠定了基础。今后要用抗晚霜系列品种逐步取代一些品种，这是方向，将会彻底解决核桃产区因晚霜引起的果农收入不稳定问题。

陕西的核桃选优从 70 年代开始，选出后即开始无性系测定并经过省内鉴定，已定名的有‘西林 1 号’‘西林 2 号’‘西林 3 号’‘西扶 1

号’‘西扶2号’‘陕核1号’‘陕核2号’和20多个优系。辽宁选出辽宁1~10号品种和40多个优良无性系。山东、北京、河北、河南、甘肃、四川、云南、新疆等地均已选出了早实优良品种，并选育出了大量优良无性系。据不完全统计，我国各地已经通过审定的优良品种多达120个。

在繁殖技术方面研究较多，20世纪末芽接已彻底过关。21世纪初，山西汾阳的芽接苗年出圃量达到3000万株，成为我国北方核桃嫁接苗木的集散地。芽接已成为核桃繁殖的主要手段之一，嫁接能手一天最高可芽接1000株，且成活率达到90%以上。扦插繁殖尚未有较大突破。核桃组培仍在继续试验中。

核桃早密丰栽培试验辽宁、山东等地开始最早。辽宁省经济林研究所1974年开始核桃早期丰产试验，栽植密度为3米×3米和4米×4米；山东果树所从1980年开始早密丰试验，栽植密度为2米×3米、2米×4米和4米×6米；山西林科院从1989年开始早密丰试验，栽植密度为2米×3.5米、3米×4米、4米×5米和6米×7米（‘晋龙1号’）。上述栽培措施包括细致整地、幼苗防寒、整形修剪、人工辅助授粉、施肥灌水、深翻扩穴、中耕除草、喷洒微肥和激素以及防治病虫害等，均取得了明显的效果。一些省、地、县还采用实生苗为试材进行了丰产栽培试验。

此外，北京、山西还进行了PP333控制树体生长、促进花芽分化试验；山东进行了喷稀土促丰产试验和采收后催熟试验；山西进行了花期喷硼酸促进坐果试验和防治核桃举肢蛾的研究；河南开发核桃新产品，先后研制了“五香核桃”“咸味核桃仁”等加工产品。山西裕源公司曾研制核桃乳酸菌产品，山西一果公司正在大量生产脱衣核桃仁加工产品，由于采用物理方法脱衣，深受消费者青睐。总之各省份研究范围很广，进展令人鼓舞。目前核桃的加工产品琳琅满目，在医疗卫生、保健美容等方面的研究也很多。

（四）贸易概况

近年来，核桃的产量和质量都有较大的发展，新疆核桃发展很

快，与内地的贸易量较大。我国核桃的贸易几乎做到了全国各地，尤其是电子商务，物流也相当发达，但出口情况不佳，仅在北欧和东南亚等地有少量交易。由于产量增加较快，2017—2018 年价格有所下降。从 5 年前的每千克 40 多元，下降到 2017 年的 15—20 元。当然了，好核桃仍然价格不菲。2018 年秋季礼品二号的带壳价格每千克达到 30~40 元。浅色核桃仁的价格也达到每千克 40~50 元。品牌核桃价格较高，出口更加需要质量的提升。

（五）市场预测

1. 国外销售概况

核桃是我国重要出口物资之一，1949 年以后，国际市场的贸易量为 2.5 万吨，到 20 世纪 80 年代增加到 15 万吨左右，其中核桃和核桃仁各占一半。进口核桃的国家主要是德国、西班牙、英国，其次是北欧、东欧一些国家。德国进口核桃最多，年进口量约 2 万吨；世界进口核桃仁的国家主要是加拿大，其次是日本、英国、澳大利亚和新西兰。加拿大进口量约占世界贸易量的一半。核桃和核桃仁是季节性很强的商品，核桃销售主要集中在每年 12 月 6 日的"尼古拉斯节"和 12 月 25 日的"圣诞节"，两节销售量为总售量的 85%。核桃仁主要在冬春季节，天气渐暖后，消费量显著减少。

我国核桃是传统的出口商品，在国际市场上曾享有盛誉。目前出口量为 1 万多吨。美国每年出口核桃和核桃仁 30 多万吨，由于美国核桃实现了品种化，质量一致，皮薄易取仁，品质较好，而且清洗干净，外观色泽美观，并采用小包装，兼之运输条件有利，因而十分受消费者欢迎，占据了市场优势。美国核桃出口量约占总产量的 60%，即 30 万~40 万吨。

2. 国内销售概况

国内核桃销售分 3 种情况：鲜核桃销售，约占 20%，从每年的 7 月底到 8 月中旬，山西、陕西、河南、河北、北京等地的商贩进行鲜核桃交易，2015 年以前，每千克为 3 元左右，2017 年每千克为 2.5~4 元；带壳核桃的销售，主要是进入干果市场和礼品消费，占

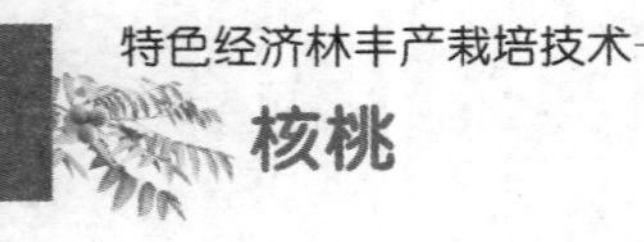

40%左右。核桃仁销售量较大，山西主要集中在汾阳，商贩收购核桃后，自行组织敲砸取仁，进行分级，然后集中销售给加工企业，这部分数量也在40%左右。

3. 生产与市场预测

近15年来，我国核桃发展速度很快，但标准化程度较低。今后发展的趋势是提质增效。首先是调整品种结构，然后是强化核桃园管理，开展深加工，提高核桃产业的经济收益。

随着人民生活水平的不断提高，对核桃营养保健价值和医疗功效认识的深化，以及核桃创新产品种类的增多，对核桃的需求量将不断上升。到2020年，我国人均消费量可能会增加到2.5千克，国内核桃消费是主流，潜力是很大的。加强产业升级管理，可提高我国核桃在国际市场的竞争能力，年外销量可增加到5万~10万吨。

三、核桃主要用途

（一）核桃仁营养成分

1. 脂肪

核桃仁的脂肪含量在63%~69%，最高达76.3%。构成核桃脂肪的脂肪酸90%是不饱和的，主要是油酸、亚油酸和亚麻酸。因此核桃被列为质优价高的油脂之一。

2. 蛋白质

核桃仁含蛋白质一般在15%左右，最高可达29.7%。因其真实消化率和净蛋白质比值较高，所以被誉为优质蛋白。

核桃仁蛋白质中含有18种氨基酸，其中人体必需的8种氨基酸含量也较高（表1-3）。

表1-3　核桃仁必需氨基酸含量　　克/100克

缬氨酸	苏氨酸	亮氨酸	异亮氨酸	蛋氨酸	苯丙氨酸	赖氨酸	色氨酸
4.99	3.27	6.80	3.28	1.34	4.21	2.34	1.36

注：摘自中国医学科学院卫生研究所《几种木本粮油的营养价值的研究》中木本粮油所含必需氨基酸含表。

3. 矿质营养及维生素

美国测定的较全面，表 1-4 可作参考。

表 1-4 100 克核桃仁营养物质

矿质营养	钙	铜	铁	镁	锰	磷	钾	钠	锌
含量(mg)	85.3	1.3	2.5	122.9	1.9	286.5	412.5	13.5	2.8
维生素	V_c	V_{B1}	V_{B2}	VPP	本多生酸	叶酸	V_A*	V_E*	
含量(mg)，IU*	0.7	0.3	0.1	0.8	0.5	56.9	23.6	0.4	

注：* 含量为国际单位(IU)。

(二) 医疗保健效用

核桃作为保健果品很早就被国内外所认识。我国人民称它是“万岁子”“长寿果”，国外有人称它是“大力士食品”。

美国宇航员的食谱列有核桃饼。法国人讲究在冬季 3 个月中每周吃一次核桃(每人 5~10 个)，近年来欧美一些国家的核桃消费量在不断扩大，他们除了生食外，还广泛用于冰激凌等，并不断开发创新核桃食品。

核桃对不同年龄的人均有良好的保健作用。妇女怀孕期常吃核桃(每天 2~3 个)，婴儿身体发育良好，头顶囟门能提早闭合。山西汾阳县有给怀孕妇女送核桃的习俗。核桃仁含有高浓度的健脑成分：如脂肪、蛋白质、糖类、维生素 B、维生素 C、维生素 E 以及矿质元素磷、钙、锰、锌等，吃核桃有助于儿童智力发育，增强记忆能力。核桃仁中的亚油酸能使皮肤光滑细腻，有“美基酸”之称。

核桃有利于老年人健康长寿，防止细胞老化和记忆力及性机能的减退。核桃仁中富含亚油酸，它具有减少血小板凝聚、增加前列腺素、降血压、减少主动脉硬化及化血栓的功效，这对老年人预防和治疗心血管病有良好的作用。

(三) 其他用途

核桃浑身是宝。核桃的根和皮可作为药材使用，核桃叶可以制作茶叶。核桃的木质非常好，可制作枪托、装潢材料和儿童玩具。核桃的壳可制作活性炭、研磨剂等。核桃的分心木还具有重要的药理作用。核桃的青皮可提取染料，也可开发天然染发剂。

第二章 核桃生物学特性

一、年周期发育

（一）根系

核桃的根颈以下部分总称为根系，分为主根、侧根和须根。核桃属深根性树种，具有强大的主根、侧根及广泛、密集的须根。这种特点在幼苗期间表现尤为明显。1～2 年生主根是圆锥形，侧根较少，主根垂直生长很快。地上部分生长缓慢，根深超过地上部分的 1 倍以上；3～4 年生开始水平根生长加快，迅速向四周扩展，由于根的吸收能力增强，地上部分生长加快，群众称为“先盘根后发枝”。10 年生以上的树主根深可达 3 米多，以后只是加粗，很少延伸，而水平根延伸较远，一般根为树冠半径的 2～3 倍。成龄树根系水平分布主要在 30～60 厘米的深土层中。

早实核桃同晚实核桃的根系在形态结构上有着明显的差异，其侧根须根非常发达，据分析，较细侧根及须根的数量，早实核桃比晚实核桃多 2～3 倍，有利于矿物营养的吸收和光能利用，从而增加了内部贮藏物质的积累，促进了花芽分化，为早期结果创造了有利条件。

（二）芽

1. 芽的种类

在一个发育比较完全的 1 年生枝条上，按其形态、构造及发育特点，可分为混合芽、营养芽、潜伏芽、雄花芽；按其着生位置可

分为顶芽和腋芽；按照数目的多少可分为单芽和复芽。

①混合芽：芽体肥大，近圆形，鳞片紧包，萌发后抽生结果枝。晚实核桃着生在1年生枝条的顶部，多为1~3芽，单生或与叶芽、雄花芽上下呈复芽状生于叶腋间。早实核桃的混合芽除顶芽外，包括大多数的腋芽，一般为2~4个，最多者可达20个以上。

②叶芽(又叫营养芽)：晚实核桃多着生在混合芽以下，雄花芽以上，或与雄花芽上下呈复芽着生，萌蘖枝或徒长枝上的芽除基部的潜伏芽外，多为叶芽。早实核桃的叶芽较少，叶芽为阔三角形。

③雄花芽：裸芽，实际为一雄花序，多着生在1年生枝条的中部或中下部，单生或叠生，呈圆柱形，顶部稍细，似桑葚，经膨大伸长后形成雄花序。

④潜伏芽(又叫休眠芽)：潜伏芽从其发育性质看，属于叶芽的一种，只是它在正常情况下不萌发，随着枝条加粗生长埋伏于皮下，寿命可达数百年。

2. 芽的发育

①混合芽：4月下旬随着新梢的生长，在叶腋间开始形成小芽体，并逐渐膨大，6月上中旬新芽形成，呈绿色，秋季落叶后，进入休眠期。翌年4月上旬，当日平均气温稳定在8℃以上时，开始萌动膨大，外层2对硬鳞片开裂随后脱落，开始露出佛手状复叶原始体，4月中下旬新梢生长，4月底5月初新梢顶端出现雌花序。

②雄花芽：雄花芽5月中旬开始出现，下旬逐渐伸长膨大，呈圆柱形，长达6~7毫米，粗4毫米左右，呈明显的鳞片状，绿色。10月底落叶后，变成绿褐色或暗褐色，进入休眠期。翌年4月中下旬，日平均气温稳定在8.5℃以上时，开始萌动膨大，从基部开始向上由暗褐色变成绿色，以后继续伸长为雄花序。

(三)枝

1. 枝条的种类

(1)结果枝：混合芽萌发后，形成开花结实的枝条叫结果枝。结果枝的数量与长短，常因品种、树龄、立地条件、栽培措施的差异而有所不同。早实核桃品种比晚实核桃品种的结果枝多而短，初结果期的树、生长势旺的树结果枝少而长，盛果期的树、衰老的树及生长势中庸的树结果枝多而短。

(2)营养枝：凡是只发叶不开花结果的枝条叫做营养枝。主要枝型有5种：发育枝、中间枝、徒长枝、二次枝、雄花枝。

2. 新梢生长

核桃新梢的生长，每年有两次生长高峰形成春梢和秋梢。春季萌芽长叶时，新梢出现，随外界气温的升高，新梢加快生长，5月上旬达生长高峰，日生长量达3~4厘米，6月上旬第一次生长停止，短枝和弱枝一次生长结束后形成顶芽，无秋梢。旺盛的发育枝和结果母枝，可出现第二次生长，形成秋梢顶芽时间较晚。过旺盛的枝条或徒长枝夏季生长不停，或者生长缓慢，交界处不明显。

(四)叶

叶是核桃的主要生长器官之一，它具有进行光合作用、呼吸作用和蒸腾作用的功能。核桃的叶片为奇数羽状复叶，枝条上着生复叶数量的多少与树龄大小、枝条类型有关。核桃有3~9片小叶，结实以后多为5~7片，偶尔有3片，叶片的大小，由顶部向基部逐渐减小，这种变化，在结果盛期以后最为明显。

叶的发育。在混合芽或叶芽的叶开裂后数天，可见到着生灰白色茸毛的复叶原始体，经5天左右，随着新枝的出现和伸长，复叶逐渐展开，再经10~15天，复叶大部分可展开，由下而上迅速生长，经40天左右，随着新枝形成和封顶，复叶长大成形，10月底叶片变黄脱落。气温较低的地区，落叶较早。

(五)花

1. 花器

核桃为雌雄同株异花，异序(偶尔有同序、同花)，为单性花。

①雄花：着生于2年生枝的中部和中下部，花序平均长度为10厘米左右，最长可达30厘米以上。每花序有雌花100~180朵，其长度不与雄花数成正比，而与花朵大小成正比。基部雄花最大，雄蕊

也多，愈向先端愈小，雄蕊也渐少。

②雌花：为总状花序着生在结果枝顶部。着生方式为单生，花序上只有1朵花；2~5朵小花簇生，雌花无花被，有一总苞合围于子房的外面，上部有萼片4裂。子房内有一直立胚珠，两层珠被，内珠被退化，子房上部有一个2裂羽状柱头，表面凹凸不平，湿度很高，有利于花粉发芽。子房下位，二心皮，一心室，核壳由子房外、中、内壁形成。

2. 开花

核桃是雌雄同株异花，开放时间不一致。即使在同一株树上雌雄花期也常不一致，这种现象称为"雌雄异熟"。据调查可分为三种类型，即"雌先型""雄先型"和"同期型"，栽植时应当考虑配置授粉树。根据河北省井陉县1982—1983年调查，三种类型树的自然坐果率有很大差别(表2-1)。

表2-1　不同开花类型与坐果的关系

开花类型	调查株数	雌花数	坐果数	花朵坐果(%)
同期型	2	69	56	81.16
雌先型	4	171	108	63.16
雄先型	5	196	91	46.13

(1)雌花开放特点：春季混合芽萌发后抽生结果枝，在结果枝的顶端雌花开始显露，此时的特点是幼小子房露出，二透明柱头合拢，无授粉受精能力，5~8天后，子房逐渐膨大，柱头开始向两侧张开，这时为始花期。当柱头呈倒"八"字形张开时，柱头正面突起，分泌物增多，此时为开花盛期，接受花粉能力最强，为授粉最佳时期。此后，柱头表面分泌物开始干涸，逐渐反转，授粉效果较差，称为雌花末期。

(2)雄花开放特点：春季雄花芽膨大伸长，由褐变绿，经12~15天，花序达到一定长度，基部小花开始分离，萼片开裂，显出花粉，再经1~2天，基部小花开始散粉并向先端延伸，此时为散粉盛期，约2~3天，以中午气温最高时散粉最快。

3. 授粉与受精

由于核桃雌雄同株，异花异熟，故为异花授粉，风媒传粉。一般情况下，核桃花粉传播的距离，最大临界为500米左右，根据伍德(Wood)的测定，雌花接受花粉粒数与授粉树距离成反比(表2-2)所得结果基本一致。

表2-2　授粉树距离和传粉的关系(Wood)

授粉树的距离(米)	每雌花柱头接受花粉数(个)
18.3	8.0
45.8	4.0
152.5	1.0
305.0	0.3
804.5	0

从表2-2可以看出，授粉树在300米以外，授粉就比较困难，有效授粉范围约50米。

核桃雌花柱头表面可产生大量分泌物，为花粉萌发提供了必需的营养基质。据观察，授粉后4小时左右，可在柱头上萌发出花粉管，进入柱头，16小时后即可进入子房组织，36小时后达到胚囊附近。授粉后3天左右可完成双受精过程。

此外，核桃具有孤雌生殖的现象。采用具有孤雌生殖能力的品种建园，将对核桃生产产生重要影响。

(六)果实

1. 果实的类型

我国核桃果实的类型很多，主要表现在果实的大小、形状、表面特征、果柄长短等方面有不同程度的差异。果实的大小，三径平均一般为4~5厘米，最大可达6厘米，最小的不到3厘米。果实的表面特征主要区别于有无茸毛、果点的大小和稀密程度等。果柄的长短也不一致，多数为2~5厘米，最长达到12厘米，最短只有0.5厘米。

2. 果实的发育

核桃果实的发育是从雌花柱头枯萎开始，到外果皮变黄开裂、果实成熟为止，称为果实发育期，此期的长短，与外界生态条件密切相关，北方核桃果实发育需 110~130 天，南方约需 170 天。据研究，核桃果实发育当中有两个速长期和一个缓慢生长期，果实生长动态呈双“S”型曲线。大体可分为三个时期：

①果实速长期：一般在花后 6 周，是果实生长最快的时期，其生长量约占全年总生长量的 85%，日平均绝对生长量达 1.1 毫米。

②果壳硬化期：也叫硬核期，核壳从基部逐渐向顶部形成硬壳，种仁由浆状物变成嫩白核仁，此时果实大小基本定型。

③种仁充实期：也称油化期，自硬核到果实成熟期，果实各部分已达该品种应有大小，淀粉、糖、脂肪含量成分变化见表 2-3。

表 2-3　核桃果实发育过程中成分变化(马可西莫夫)

日期	脂肪(%)	葡萄糖(%)	蔗糖(%)	淀粉和糊精(%)
7 月 6 日	3	7.6	0	21.8
8 月 10 日	16	2.4	0.5	14.5
8 月 15 日	42	0	6	3.2
9 月 10 日	59	0	8	2.6
10 月 4 日	62	0	1.6	2.6

根据河北农业大学在保定观察：6 月中旬果实速长基本结束，6 月中下旬子叶分化完毕，至 6 月底果实大小基本定型，核壳硬化，子叶进一步发育，真叶开始分化。硬核期后，果实大小略有增加，脂肪含量迅速增长，直至采收期，9 月中下旬，种仁变硬，总苞开裂。

核桃果实在速长期中，落果现象比较普遍，称为“生理落果”。据陕西省和辽宁省的观察，核桃自然落果率为 30%~50%，河北农业大学据试验认为，各单株类型变化多，落果情况差别悬殊，多者达 60%，少者不足 10%，这与年份、植株生长状况、授粉等有密切关系。据调查一年中有 3 次落果(表 2-4)。

表 2-4　不同时期落果率及果实大小

落果期	落果(%)	落果果实大小(厘米)		备注
		纵径	横径	
5 月 3~8 日	28.2	1~1.3	0.8~1.0	落果百分率是指调查植株落果平均数
5 月 8~24 日	65.9	1.3~2.8	1.0~2.3	
5 月 24 日至 6 月 6 日	5.9	2.8~4.0	2.3~2.7	

在自然授粉条件下，早实核桃的落果率高于晚实核桃。在早实核桃的不同品种之间，也有差异，有的达 80%，有的只有 10%~20%。

二、个体发育特性

(一) 幼龄期

这一阶段是从种子萌发到第一次开花结果之前。此阶段早实品种核桃只有 1~2 年，晚实品种核桃为 4~8 年。其特点是营养生长旺盛，在树体发育上表现为主干的加长生长迅速，骨干枝的离心生长较弱，生殖生长尚未开始。早实核桃树高为 0.5~1.0 米，生长旺盛的发育枝只有 1~2 个，但中短枝形成较早；晚实核桃树高为 3 米左右，新梢可达 80 条以上，其中短枝比例较少。晚实核桃嫁接苗比实生苗树冠较小，分枝较多。

(二) 结果初期

核桃从第一次开花结果到结果盛期开始为结果初期。这一阶段早实核桃为 6~8 年，晚实核桃为 8~12 年。其特点是营养生长开始减慢，生殖生长迅速增强。晚实核桃母枝平均分枝 1~3 个。结果量每年约递增 0.5~2 倍。此时晚实核桃的树冠直径可达 5~6 米，早实核桃仅为 3~4 米。早实核桃品种株产量在 5~8 千克，晚实核桃品种株产量 3~5 千克。

(三) 结果盛期

这一阶段从核桃进入结果盛期到开始衰老之前。延续时间的长短，同立地条件和栽培管理水平关系极大。通常情况下为 50~100 年，晚实核桃较长，早实核桃较短。其特点是营养生长和生殖生长

相对平衡。在树体发育上树冠和树高达到最大，枝条开始出现更新现象。这一阶段是核桃结果最多的时期，而且比较稳定。短结果母枝比例约占 55%，中长结果母枝次之，约占 35%，长结果母枝最低，占 5%~8%。据对 60 年生大树的调查，树冠外围果约占 70%，中部约占 26%，内膛约占 4%，核桃经营者应重视此期的科学管理，延长结果盛期，以获得较高的经济效益。

（四）衰老期

这一阶段是从植株开始进入衰老到死亡为止。此阶段延续时间很长，多在 50~100 年以上，其特点是生命机能减弱，营养生长的更替现象非常明显，结果能力逐渐减退，大小年现象突出，较大枝条开始枯死，出现更新现象。

上述分四个阶段简述了核桃的生长发育特点，各个阶段之间是有机地联系在一起的，是发展变化的。为了获得高额而稳定的产量，必须根据核桃个体发育的特点，采取合理的栽培技术措施，以促使结果盛期提前到来和推迟衰老。

第三章 核桃优良品种介绍

我国核桃栽培约有7000年的历史，种质资源极为丰富，截至目前，已选育出核桃品种98个，引种选育出外国品种11个，共109个优良品种(不含泡核桃种)，均通过省级以上林木良种审定。优良无性系30多个，优良单株50多个。现将适宜我国北方发展的主要核桃优良品种介绍如下。

一、早实核桃

(一)'温185'

果实经济性状：坚果中等大，平均单果重11.2克，最大14.2克，三径平均3.4厘米，壳面光滑美观，壳厚1.09毫米，偶尔有露仁果，缝合线较松，可取整仁，出仁率58.8%，仁色浅，风味香，品质上等。

(二)'扎343'

果实经济性状：坚果中等大，平均单果重12.4克，最大15.3克，三径平均3.7厘米，壳面光滑美观，壳厚1.16毫米，缝合线紧，可取整仁，出仁率56.3%，仁色中，风味香，品质中上等。

(三)'辽宁1号'

果实经济性状：坚果中等大，平均单果重11.1克，最大13.7克，三径平均3.3厘米，壳面较光滑美观，壳厚1.17毫米，缝合线较紧，可取整仁，出仁率55.4%，仁色浅，风味香，品质上等。

(四)'香玲'

果实经济性状：坚果卵圆形，中等大，平均单果重10.6克，最

大13.2克，三径平均3.4厘米，壳面光滑美观，壳厚0.99毫米，缝合线较松，可取整仁，出仁率57.6%，仁色浅，风味香，品质上等。

（五）'薄壳香'

果实经济性状：坚果较大，平均单果重13.02克，最大15.5克，三径平均3.58厘米，壳面光滑美观，壳厚1.19毫米，缝合线紧，可取整仁，出仁率51%。仁色浅，风味香，品质上等。

（六）'辽宁4号'

果实经济性状：坚果中等大，平均单果重12.51克，最大13.9克，三径平均3.4厘米，壳面较光滑，壳厚1.23毫米，缝合线紧，可取整仁，出仁率56.5%，仁色中，风味香，品质中上等。

（七）'中林1号'

果实经济性状：坚果中等大，圆形，平均单果重10.45克，最大13.1克，三径平均3.38厘米，壳面较光滑，壳厚1.1毫米，缝合线微凸，结合紧密，可取整仁，出仁率57.4%，仁色浅，风味香，品质上等。

（八）'鲁光'

果实经济性状：坚果卵圆形，平均单果重12.0克，最大15.3克，三径平均3.76厘米，壳面光滑美观，壳厚1.07毫米，缝合线较紧，可取整仁，出仁率56.9%，仁色浅，风味香，品质中上等。

（九）'晋香'

果实经济性状：坚果中等大，圆形，平均单果重11.54克，最大14.2克，三径平均3.45厘米．壳面光滑美观，壳厚0.71毫米，壳薄而不露，缝合线较紧，可取整仁，出仁率63.97%，仁色浅，饱满，风味香，品质上等。

（十）'新新2号'

果实经济性状：坚果长圆形，果基圆，果顶稍小，平均单果重11.63克，壳面光滑，浅黄褐色，缝合线窄而平，结合紧密，壳厚1.2毫米，内褶壁退化，易取整仁，果仁饱满，色浅，味香。出仁率53.2%，含脂肪65.3%。

（十一）‘云新高原’

果实经济性状：坚果长扁圆形，壳面刻点大而浅，缝合线中上部略隆起，紧密；单果重13.4克，仁重7.0克；壳厚1.0毫米；内隔和内褶退化，可取整仁，出仁率52.2%，仁饱满，黄白色，味香甜，无涩味，脂肪含量70%左右。

（十二）‘云新云林’

果实经济性状：坚果长扁圆形，壳面刻点大而浅，缝合线中上部略隆起，紧密；单果重10.7克，仁重5.8克；壳厚1.0毫米；内隔和内褶退化，可取整仁，出仁率54.3%，仁饱满，黄白色，味香甜，无涩味，脂肪含量70.3%。

二、晚实核桃

（一）‘晋龙1号’

果实经济性状：坚果较大，平均单果重14.85克，最大16.7克，三径平均3.78厘米，果形端正，壳面光滑，颜色较浅，壳厚1.09毫米，缝合窄而平，结合紧密，易取整仁，出仁率61.34%，平均单仁重9.1克，最大10.7克，仁色浅，风味香，品质上等。

（二）‘晋龙2号’

果实经济性状：坚果较大，平均单果重15.92克，最大18.1克，三径平均3.77厘米，圆形，缝合线紧、平、窄，壳面光滑美观，壳厚1.22毫米，可取整仁，出仁率56.7%，平均单仁重9.02克，仁色中，饱满，风味香甜，品质上等。

（三）‘礼品2号’

果实经济性状：坚果长圆形，果基圆，果顶圆微尖。坚果重13.5克。壳面光滑，色浅；缝合线窄而平，结合较紧密，壳厚0.7毫米，内褶退化，极易取整仁，出仁率67.4%。核仁充实饱满，色浅，风味佳。

（四）‘清香’

果实经济性状：坚果近圆锥形，单果平均重14.3克，果个大小

均匀。壳面光滑，淡褐色，果形美观。缝合线结合紧密，耐清洗。壳厚 1.2 毫米，内褶壁与横膈膜退化，取仁容易，种仁饱满，出仁率55%左右，仁色浅，味香，不涩。种仁含蛋白质 23.1%，粗脂肪 65.8%，维生素 B_6 平均含量 10.5 毫克，维生素 $B_2$0.08 毫克。

三、抗晚霜品种(优系)

(一)'孝核 1 号'

来源及分布：由山西孝义市碧山核桃科技有限公司与山西林科究院共同选育。2003 年在陕西宜君县发现为'辽宁 1 号'芽变品种。2013 年嫁接在'晋 RS－1 系'砧木上，2014 年开始结果，2015—2017 年连续结果较好，2018 年我国北方遭遇大范围霜冻，地温降至－6℃，所有干水果新梢及花果全部冻死。半个月后二次萌芽，多数品种结果寥寥无几，而'孝核 1 号'果实累累，双果居多。主要是副芽及中下部萌芽后坐果较多，2019 年仍然结果累累，该特性稳定。2018 年申报国家林业局知识产权保护，2019 年申请山西省林业草原局林木良种审定。目前在山西孝义等地有 10 公顷的新建园与改接园。陕西、四川、安徽、北京有少量栽培。

果实经济性状：坚果近圆形，平均单果重 12.0～15.5 克，三径平均 3.58 厘米，壳面较光滑，壳厚 1.22 毫米，缝合线紧密，可取整仁，出仁率 59.54%。核仁含粗脂肪 60.40%，含粗蛋白 15.93%，含糖 8.39%。仁色浅，风味香甜，品质优良。

(二)'孝核 2 号'

来源及分布：由山西孝义市碧山核桃科技有限公司与山西林科院共同选育。2015 年在孝义碧山核桃示范基地'晋 RS－1 系'砧木种子园中发现，2018 年申报国家林业局知识产权保护。

生长结果习性：'孝核 2 号'为抗晚霜能力较强、矮化、早实、丰产、优质核桃新品种。节间比'辽宁 1 号短'，节间平均长 3.7 厘米，分枝力较强。树冠开张，8 年生树高 3.2 米，冠径 3 米，果枝率 70%～80%，双三果率占 50% 左右，树冠投影面积产仁量 0.26 千克/平方米。雌雄花期接近，雄花极少，枝条主芽单芽较多。枝条粗壮，芽子大，饱满。

果实经济性状：坚果近圆形，平均单果重 10.3 ~ 13.0 克，三径平均 3.56 厘米，壳面较光滑，壳厚 1.13 毫米，缝合线紧密，可取整仁，出仁率 67.08%。核仁含粗脂肪 58.14%，含粗蛋白 18.93%，含糖 6.37%。仁色浅，风味香。

第四章 核桃育苗技术

一、砧木苗培育

我国多年来砧木采用共砧，共砧亲和力好，适应性强。美国在20世纪初就采用北加州黑核桃(Black walnut)和奇异核桃(Paradox)作砧木，现在奇异核桃作砧木的比例越来越多，而且在近几年又选育出抗病的三个新砧木品种。由于砧木品种一致，所以对地上部的影响也一致，世界上发达国家均采用优良砧木品种育苗。

我国核桃砧木品种的选育较晚，山西省林业科学研究院从2003年开始研究，2011年选育出了'晋RS-1'系砧木品种，并通过山西省林木良种审定，2012年在山西孝义建立了200多亩砧木种子园，年产种子2万千克，可供北方育苗使用。杜绝再使用杂核桃、小核桃及核桃楸作砧木。

(一)种子选择与处理

1. 种子选择

选择通过省级以上国家审定的砧木品种。同一砧木品种的种子也存在大小之分，因此，为了使砧木苗生长整齐一致，需要对种子进行分级，并分别播种到不同的地块，便于不同的管理。

2. 种子处理

分秋播和春播两种方式。秋播种子不需任何处理，春播种子需经过处理方可播种。

目前，育苗多采用水浸泡晒种法。春季播种前，用水浸泡种子

7～10 天，每 2～3 天换一次水。注意浸泡时保证所有种子浸没水中，若种子浮于水面，可压重物解决。然后将水浸泡过的种子置于阳光下暴晒，待大部分种子裂口时即可播种，不裂口的种子捡出后先浸泡再晒，直到裂口。这一点很重要，因为不裂口的种子播种后发芽率很低，直接影响到砧木的出苗量。

（二）播种

1. 苗圃地的选择

圃地选择的好坏直接影响到育苗成败。圃地应选择在土壤肥沃、有灌溉条件、背风向阳、交通便利、排水良好的地方。

2. 苗圃地的整理

主要是对土壤进行深翻耕作、增施有机肥、作畦作垄等。耕前每公顷施有机肥 5000 公斤左右，并灌足底水，播前再浅耕一次，然后耙平作畦、作垄，待播种。

3. 播种及苗期管理

（1）播种时期：播种分秋播和春播两种。

秋播宜在土壤结冻前进行。种子采下后可直接带青皮播种或脱青皮、晾干后地冻前播种。此播种方式适于冬季不太严寒，春季风小干旱地区。

春播一般在土壤解冻后进行。晋中地区在清明前后覆膜播种最好。因此时地表及土壤温度已回升，一般播后 20 天即可出苗，且出苗后正好避过晚霜。

（2）播种方式：国外多采用机械播种，我国多采用人工播种。播种时种子的缝合线与地面垂直，否则因幼根或幼茎的弯曲，往往出苗较为迟缓。

（3）播种量：春播可以采用 18 厘米 ×100 厘米的株行距，每公顷播量 40 千克左右；秋播可采用 15 厘米 ×100 厘米的株行距，每公顷播量 50 千克左右。我国核桃育苗应向美国学习，实现苗木标准化、建园标准化。减小密度，增加苗木质量是关键。

(4)苗期管理：播后约40天苗木就可出齐。

检查出苗：覆膜春播的种子，应随时检查，发现嫩芽顶在薄膜上，应及时调整嫩芽生长方向，否则嫩芽生长歪曲，甚至顶不出薄膜而枯萎死亡。

施肥灌水：核桃苗木出土前不需灌水，以免造成地面板结，影响出苗。5~6月是苗木生长最快时期，应结合施氮肥灌水2次，每次每公顷施尿素150千克。7~8月可施一次磷、钾肥，以提高苗木越冬能力。

中耕除草：及时中耕可以去除杂草、疏松表土、减少土壤水分蒸发、防止土壤板结。

防治病虫害：本着“防重于治”治早、治小、治了的原则，及时消灭病虫害。此期最常见的害虫是大灰象甲、金龟子等。

二、采穗圃的建立与采集接穗

(一)采穗圃的建立

采穗圃应建在苗圃，栽植密度一般为2米×3~4米。栽植标准与建园一样，要标准化，即采用“五个一”，挖1立方米大坑，施50千克腐熟有机肥，栽一株1.5米以上的纯种良种嫁接苗，浇一担水(30千克)，铺一块1~1.2平方米的地膜。管理同核桃园。采穗圃一定要品种纯正，品种好栽后才有效益。

(二)接穗质量与采集

核桃嫁接主要有两种方法：春季枝接和夏季方块芽接。枝接采用硬枝接穗，芽接采用嫩枝接穗。

1. 硬枝接穗的采集标准与贮藏

硬枝接穗合格标准应该是粗1.2厘米以上，生长健壮、发育充实、髓心较小的发育枝。采集时间从核桃落叶后直到芽萌动前均可进行。采后剪口涂漆(减少伤流)。穗条剪口封蜡，每100根扎一捆，拴好标签，并及时放入背阴处的地窖中，用湿沙将接穗缝隙灌严，温度控制在5℃左右。也可在冷藏库贮藏。

2. 嫩枝接穗的采集标准与贮藏

嫩枝接穗为半木质化、芽子饱满的枝条，一般随采随用。采下后立即剪掉复叶，保留1厘米左右叶柄，以减少水分蒸发，并竖立于清水盆或桶内边接边用。

三、影响嫁接因素与嫁接方法

(一)影响嫁接成活的因子

1. 时间

晋中地区芽接的最佳时间是5月下旬到6月底。这段时间接穗已经半木质化，可以使用，形成层活动旺盛，成活率高。

2. 气温

20℃以下，愈伤组织几乎不能形成，20℃以上愈伤组织开始增多，超过30℃愈伤组织形成显著下降，试验认为温度在25~28℃时接口愈合最快，嫁接易成活。

3. 伤流

嫁接期遇连阴雨可明显降低成活率，一是降雨降低了气温，不利于伤口愈合，二是降雨形成了伤流，因此尽量避开阴雨天和控制伤流。

(二)嫁接方法

1. 嫁接时期

华北一般在5月下旬至6月底。

2. 嫁接方法

芽接是目前的主要繁殖方法。

取芽片：用芽接刀在距芽0.5厘米的上下方各横割一刀，深达木质部，再在芽两侧距芽0.3厘米处各纵割一刀达木质部。用大拇指和食指捏住芽片，轻轻向一边掰，即可取下芽片。

割砧木：选择与接穗等粗的砧木，在距地面10厘米左右处先在砧木上下方各横割一刀，两刀的距离与接芽片的上下距离等长，再在一侧割一刀，然后撕开砧木皮，如同开门一样，撕到与接芽片等

宽时，撕下。

贴芽片并绑缚：把从接穗上取下的接芽迅速贴在砧木割口上，保证芽片上下与砧木切口对齐，两边可留 1~2 毫米的缝贴紧，之后用薄膜绑缚。一般先绑缚接芽片的中部，以利接芽生长点与砧木紧贴，再在其上下各绑一圈打结即成。绑薄膜时，要注意绑住叶柄，露出芽子，同时要绑严、松紧度合适。

剪砧：芽接后在接芽上方留两片复叶剪砧，既可带引水分，又限制顶端生长，有利接口愈合生长。

(三) 嫁接苗管理

芽接苗的管理如下。

剪砧：芽接后 7~10 天，接口基本愈合，应将接芽以上的带有两片复叶的砧木部分剪去，以利于养分直接供给接芽生长。剪砧时应注意留 2 厘米的保护桩。

除萌：嫁接后，砧木基部容易发出大量的萌蘖，应及时去除。

解除绑缚物：嫁接后 15~20 天时，接芽大多已开始生长，当新梢长到 2~3 厘米时，应尽快解除绑缚物。

去幼果：若接芽品种为早实品种，新梢极易开花结果，这时应及时去除花序、幼果。

设立支柱：当接芽生长到 30 厘米左右时，应设立支柱，以防风折。

摘心：当苗木生长高度超过 100 厘米左右时，结合修剪，进行摘心，有利枝条充实，提高嫁接苗质量。

肥水管理和病虫防治：嫁接后 20 天内禁忌灌水施肥，新梢长到 10 厘米以上时应及时浇水施肥，中耕除草可结合进行。

(四) 嫁接苗出圃与假植

我国北方地区，核桃幼苗越冬有抽条现象，一般是于秋季落叶之后出圃假植，供秋季造林和建园用；秋季用不完的苗木要重新假植，保证在越冬期间不失水、不霉烂，翌年春季再栽。表 4-1 列出了核桃行业标准中规定的嫁接苗质量等级。

表 4-1　核桃嫁接苗质量等级

项目	一级	二级
苗高(厘米)	≥100	60~100
基径(厘米)	≥1.5	1.2~1.5
主根保留长度(厘米)	≥25	20~25
侧根长度(厘米)	≥20	15~20
侧根条数(条)	≥15	15~20
病虫害	无	
接口愈合情况	接口结合牢固，愈合良好	

起苗后，按不同品种、不同质量等级的规格苗每 30 株打成一捆，拴好标签，临时假植于排水良好的背阴处，等待销售。临时假植只要用湿土埋严根即可。

苗木如果当年秋季未能出售，则应在 12 月重新挖深沟假植。假植苗木，根系须在泥浆中蘸根，单株排放或一捆排放，之后埋土封严。

第五章

核桃建园技术

一、园地选择

（一）核桃树对生长环境的要求

1. 温度

我国不同纬度区，核桃种群、类群分布各异，不同种群，类群核桃对温度和海拔的环境要求也存在着差异，不同纬度不同海拔的温度也存在很大变化。

(1)北方核桃对温度的要求

北方核桃种群属于喜温树种。优生区的年平均气温9~15℃，极端最低气温小于-25℃，极端最高气温为35℃，无霜期150天以上。

(2)南方铁核桃(泡核桃)对温度的要求

南方铁核桃的优生区对温度的要求是年平均气温13~16℃，最冷月平均气温4~10℃，极端最低气温为-5℃，最高气温38℃。适合于湿热的亚热带气候。

2. 光照

核桃属喜光树种，年生长期内日照时数要求达2000小时以上，生长期(4~9月)的日照时数在1500小时以上。日照时数与强度对核桃生长、花芽分化及开花结实有重要影响。

3. 土壤

核桃为深根性树种。符合要求土层厚度达1米以上，土壤结构疏松，保水透气性良好的壤土和沙壤土以及有机质含量达1%以上，pH值在6.5~8.0之间的立地条件均为最适范围。提高土壤腐殖质含量，增加有机质是平衡土壤 pH 值，改善土壤结构，提高蓄水保墒能力的有效途径。

4. 水分

(1)降水量

年降水量在 250 毫米以下的干旱地区，发展核桃必须有良好的灌溉条件。降水量在 250~500 毫米之间的半干旱地区，推广节水灌溉技术，或应用水土保持工程措施，同时提倡发展晚实良种。降水量在 500~800 毫米之间的半湿润温暖地区，应选择抗病性较强的品种。年降水量在 800~1200 毫米之间是南方铁核桃优生区域。

(2)地下水位

核桃园的地下水位应在地表 2 米以下。地下水位过高核桃根系无法分布。地势平坦，降水集中，排水不良时，根系会因土壤水分过多，通气不良，呼吸作用受阻而影响生长；严重时可使根系窒息，导致整株死亡。

(二)园地确定应具备的基本条件

(1)建园地点的气候条件，应符合计划发展核桃品种生长发育及其对外界条件的要求。

(2)土壤以具有良好的蓄水保墒能力，透气良好的壤土和沙壤土为佳，土层厚度应在 1 米以上，pH 值北方核桃为 6.5~8.0，漾濞核桃为 5.5~7.0，地下水位应在地表 2 米以下。

(3)年降水量在 500 毫米以下，干旱半干旱地区建园要有灌溉水源。

(4)年降水量在 1000 毫米以上，建园地点在平地、低洼盐碱地带，应建立排水排盐碱系统，为核桃正常生长发育创造良好的条件。

(5)建园所在地土地相对宽裕，建园用地符合我国基本农田保护制度的政策要求，能够妥当解决林粮争地矛盾。

(6)无环境污染，能够避免工业废气、污水及过多灰尘所造成的不良影响。

(7)前茬树种为非柳树、杨树、槐树、桃树和核桃生长过的

地方。

(8)核桃病虫危害程度低，具有较高的商品率，核桃采收期过多的降水对产品质量的影响能够通过人工措施得到有效控制。

二、园地规划设计

(一)规划设计原则

核桃建园规划设计要根据当地社会经济发展总体规划、国民经济发展计划和产业发展要求进行编制，主要原则是：

(1)核桃园的规划设计应根据建园方针、经营方向和要求，结合当地自然条件、物质条件等综合考虑，进行整体规划。

(2)要因地制宜地选择建园类型。建园类型按栽培目的可划分为材用型、果材兼用型、果用型三大类型。果用型又可划分为优质坚果型、鲜食型、核仁加工型三个类别。

(3)要根据建园类型选择主栽品种和授粉品种。主栽品种应是通过当地品种对比试验，在坚果品质、丰产性能、抗逆性等方面表现优良的品种，授粉品种是能够满足主栽品种授粉需要且具有一定优良性状的品种。

(4)根据主栽品种特性确定品种配置及栽植方式，标准化核桃园栽培方式可划分两大类型。一种是集中连片栽培的纯核桃园，另一种是核桃与农作物或其他果树、药材长期间作的核桃园。

(5)有利于机械化管理和操作，以降低劳动强度和管理成本。

(6)充分注意地下水位及排灌系统的设计，要求达到旱能灌、涝能排。

(7)将建园栽植前的土壤改良、蓄水保墒工作，列入规划的工程措施，为核桃生长发育创造良好条件。

(8)规划设计中，努力将路、林、排灌等配套内容进行有机结合，提高土地利用率，使核桃树的占地面积不少于85%。

(9)坚持以短养长，结合利用、立体开发、果农结合的开发原则，充分提高土地利用价值，实现开发效益最大化。

(10)规划设计要尊重科学、深入群众，在充分进行调查研究的基础上倾听有关专家和群众意见，努力做到科学、可靠、可行。

(二)规划设计的步骤

核桃标准化建园规划设计按县、乡、村、户不同层次用户的要求进行，规划设计分外业调查和内业设计两个步骤开展。规划设计完成后设计单位要与用户座谈，进行意见交流和方案修订，并最终形成正式规划。

(三)规划设计的主要内容和要求

(1)作业区划分要适应集约化的基本要求，同一作业区内的土壤和气候条件应基本一致。

(2)建园规划要到村、到户、到地块，要有利于产业管理部门对工作进度和任务完成情况进行核查验收。

(3)建园类型、苗木品种必须明确。要符合因地制宜、适地适树的原则，而且能够满足增强市场竞争力，有利于推进规模化生产、产业化经营。

(4)标准化园无论是集中连片，或是间作型，在规划设计中，道路系统的安排、排灌系统的设置、栽植方式的确定等，必须有利于机械化管理和提高劳动生产率。

(5)标准化核桃园的生长量、产量和产品质量等技术和经济指标符合国家有关标准规定的要求。

三、建园技术

(一)科学布局、确保规范

要按照园地规划设计要求和栽培目的，主栽品种在建园作业区，以小区为单位进行栽植前的布点工作。株行距既要根据建园设计密度，又要结合栽植小区的地形地貌；既要力求整齐划一，又要便于机械作业和生产管理，在地势平坦、园面较大的地块，栽植穴既要“纵成行、横成样、斜成线”，又要力求南北成行，充分利用光照；在地形复杂，坡面起伏，坡度较大的地块，布点要以水平线为行轴，

充分考虑水土保持工程措施和土壤改良等丰产栽培措施能够顺利实施和开展。

（二）坚持高起点、把好整地关

核桃根系发达，主根强大，水平根分布广泛，宜生区、优生区生长发育的差距其实就是土壤、水肥条件高低的差距。土层深厚、土壤肥沃、结构疏松、墒情良好是核桃健壮生长、持续增产、丰产的基础和前提。栽前把好整地关是标准建园的重要环节。

1. 平地土壤改良

平整的土地，土壤改良是在防碱防涝的前提下，对栽植穴进行重点改良。改良的方法一种是挖通壕，一种是挖大坑。

2. 山坡、丘陵地土壤改良

(1)坡地5°~15°的缓坡地，应先修梯田，再挖大坑改良土壤栽植，改良土壤应充分利用坡地的杂草和腐殖土。干旱、半干旱地区应充分利用穴施水肥灌溉技术及覆草技术“增收节支”。

(2)坡度16°~25°之间的坡地，修坡地梯田工程量过大，或由于地形较为复杂无法修筑，可沿等高线先修鱼鳞坑，改良土壤(要求同上)。此类地块栽植后应逐步进行扩盘保水、土壤改良工作，最后修成复式梯田或水平阶式核桃园。

（三）把好苗木质量关，确保良种壮苗

(1)县、乡、或县以上政府及有关部门在制定核桃发展规划时，应充分考察和科学论证，将核桃苗木基地建设放在优先地位列入发展规划，坚持核桃建园苗木先行的方针。

(2)由于嫁接苗培育是一个技术性和系统性较强的工作，牵扯到采穗圃建立、人员培训、砧木培育、接后管理等内容。以村或户为单位的建园应在考察的基础上，从具有一定资质和可靠度的机构或单位调运购买苗木。

(3)购买苗木要掌握苗木等级的相关知识，坚持等外苗木不入地。外购苗木，要严格履行检疫手续，运输中要注意防止风吹、日晒、冻害以及保湿和防霉。

(四)建园栽植、抢墒适时

核桃建园，栽植核心是提高成活率和保存率，关键是为新植苗木成活保存创造有利的环境和条件，要求是“栽实苗正、根系舒展”，标准是成活率达95%以上，保存率达90%以上，方法是“三埋两踩一提苗”。具体步骤是:

1. 修根蘸浆，增墒保墒

核桃苗木定植前，应对根系进行检查，将根系不达标准的苗木和合格苗木进行分类，不合格苗木不定植，对合格苗木要进行修根；对伤根烂根应进行剪除，对过长和失水的根也应进行疏除或短截；修根完成后，将苗木在水中浸泡10~12小时，使根系充分补充水分；风量较大和气候干燥的地区，定植前还应对苗木根系进行蘸浆，蘸浆所用的泥土可适当搅拌磷肥和保水剂，也可使用生根粉。

2. 栽正栽实、根痕平齐

“三埋、两踩、一提苗”是指第一次埋土、提苗后再对回填土进行踩实；第二次第三次先埋后踩。主要目的是通过分层、分次回填、踏踩，使定植苗木根系不仅舒展而且与土壤结合紧密。

3. 浇水覆膜，巩固成果

标准化建园措施是栽后要及时进行浇水和覆膜。栽后浇水俗称“封根水”，通过浇水不仅能显著增加苗木根系土壤墒情，可以使土壤与苗木根系结合得更加紧密。

覆膜一般要求采用规格1米×1米的农膜。农膜四周用土盖严实，苗木中心用土封盖，并略低于外侧，以利降水从膜中下渗到苗木根系补充水分。在夏季高温到来前，应及时进行覆膜复查培土，避免农膜对根颈部的酌伤。

(五)栽后管理

1. 留足营养带，避免间作物争水、争肥、争光

核桃幼树期间作套种是提高土地利用率的一项有利措施。但禁止套种高秆作物和宿根系药材，间作以薯类、豆科植物为最佳；间作套种必须在树行留足1.5米营养带，以确保间作物不与幼树争水、

争肥、争光。

2. 加强中耕除草，促进生长

栽植当年幼树很容易被杂草掩盖，尤其是6、7、8月幼树速生期，也是杂草疯长期，加强管理，及时松土除草，避免草荒是促进苗木生长、保障建园成效的一项主要管理内容。

3. 及时除萌，避免养分浪费

采用嫁接苗建园，由于定杆等措施的使用，很容易造成嫁接部位以下砧木萌发新芽，要及时发现新生萌芽并除萌。

4. 核查成活，及时补栽

春季萌芽展叶后，应及时进行成活情况检查，发现未成活情况，及时补植。

5. 合理定干，促进成形

核桃新建园，要达到成园整齐，可按苗木等级和生长情况进行合理定干。定干分当年定干和次年定干两种方法，当年定干要求苗高均在1米以上，且生长健康，苗木定干部分充实，定干高度根据建园要求可控制在0.8~1.2米之间。次年定干是苗木大部分高度未达到定干要求，可在嫁接部位以上2~3个芽处进行重短截(剪口要封严)，短截后要在发芽时及时定芽，一般情况下只要水肥充足，管理得当，第二年均可达到定植高度。

6. 加强越冬保护，防止抽条

北方寒冷地区，幼树越冬因生理干旱常常抽条，幼树越冬管理应采用套塑料袋装土或内缠双层卫生纸外裹塑料薄膜等措施，降低水分蒸腾，避免冬季冻害和抽条发生。

第六章

核桃园管理技术

一、土壤管理

(一)土壤特性

黏土，土壤质地致密，颗粒较小，含沙粒较少，黏性较大，土壤的有机质含量较多。通透性较差，肥水不易流失，但根系的呼吸受到一定的影响。

壤土，比较适宜核桃树生长。质地松软，通透性较好，增施有机肥会增加土壤团粒结构。对于核桃树根系吸收具有重要意义。

沙土，土壤质地松散，黏度较小。通透性虽好，但容易引起养分和水土流失。根据国际规定，沙土含沙粒可达85%~100%，而细土粒仅占0~15%。中国规定，沙粒(粒径0.05~1毫米)含量大于50%为沙土。沙土保水保肥能力较差，养分含量少，土温变化较快，但通气透水性较好，并易于耕种。

(二)土壤养分状况

土壤质地、土壤类型不同，养分差别很大。土壤是核桃生长发育的基础，土地好，即指土壤的立地条件和养分状况好，反之，则差。根据多年多地的土壤分析结果，国家提出了土壤养分含量参考表(表6-1、表6-2)。生产经营者可根据自己的土地营养情况进行盈亏调整。

表 6-1 土壤养分分级指标

编码	pH	碳酸钙（%）	有机质（%）	全氮（%）	全磷（%）	速效磷（毫克/千克）	全钾（%）	速效钾（毫克/千克）
1	≤4.5	≤0.25	>4.00	>0.200	>0.100	>20	>2.50	>200
2	4.6~5.5	0.26~1.0	3.01~4.00	0.151~0.200	0.081~0.100	16~20	2.01~2.00	151~200
3	5.6~6.5	1.1~3.0	2.01~3.00	0.101~0.150	0.061~0.080	11~15	1.51~2.00	101~150
4	6.6~7.5	3.1~5.0	1.01~2.00	0.076~0.100	0.041~0.060	6~10	1.01~1.50	51~100
5	7.6~8.5	5.1~15.0	0.61~1.00	0.051~0.075	0.021~0.040	4~5	0.51~1.00	31~50
6	8.6~9.0	>15	≤0.60	≤0.050	≤0.020	≤3	≤0.5	≤30

表 6-2 土壤微量元素含量分级 毫克/千克

编码	有效铜	有效锌	有效铁	有效锰	有效钼	有效硼
1	>1.80	>3.00	>20	>30	>0.30	>2.00
2	1.01~1.80	1.01~3.00	10.1~20	15.1~30	0.21~0.30	1.01~2.00
3	0.21~1.00	0.51~1.00	4.6~10	5.1~15.0	0.16~0.20	0.51~1.00
4	0.11~1.20	0.31~0.50	2.6~4.5	1.1~5.0	0.11~0.15	0.21~0.50
5	—	≤0.30	—	—	≤0.10	≤0.20

（三）土壤改良

土壤改良针对土壤的不良性状和障碍因素，采取相应的物理或化学措施，改善土壤性状，提高土壤肥力，增加作物产量，以及改善人类生存土壤环境的过程。

二、肥料管理

据法国与美国研究，每产 100 千克坚果要从土壤中带走纯氮 1.45 吨，纯磷 0.18 吨，纯钾 0.47 千克，纯钙 0.15 千克，纯镁 0.03 千克。又据叶片分析，正常叶含纯元素：氮 2.5%~3.25%；磷50%~

12%；钾 1.20%~3.00%，钙 1.25%~2.0%，镁 0.30%~1.0%，硫 170~400 毫克/千克，锰 3~6 毫克/千克，硼 44~212 毫克/千克，锌 16~30 毫克/千克，铜 4~20 毫克/千克，钡 450~500 毫克/千克。这就说明，生产核桃消耗了土壤中不同养分的不同含量，每年需要根据消耗情况及时给予补充。对于目前的生产经营者来讲，一是缺乏科学技术，对肥料了解不够深刻；二是投资成本高，资金困难；三是不懂科学配方施肥，浪费严重。管理好核桃园的肥料使用可有效提高果品产量、品质和经济效益。

(一)有机肥的种类与养分含量

1. 人粪尿

人体排泄的尿和粪的混合物。人粪含 70%~80% 水分，20% 的有机质(纤维类、脂肪类、蛋白质和硅、磷、钙、镁、钾、钠等盐类及氯化物)，少量粪臭质、粪胆质和色素等。施前应进行无害化处理，以免污染环境。

2. 厩肥

家畜粪尿和垫圈材料、饲料残茬混合堆积并经微生物作用而成的肥料。富含有机质和各种营养元素。各种畜粪尿中，以羊粪的氮、磷、钾含量高，猪、马粪次之，牛粪最低；排泄量则牛粪最多，猪、马粪次之，羊粪最少。

3. 堆肥

作物茎秆、绿肥、杂草等植物性物质与泥土、人粪尿、垃圾等混合堆置，经微生物分解而成的肥料。多作基肥，施用量大，可提供营养元素和改良土壤性状，尤其对改良沙土、黏土和盐渍土有较好效果。

4. 沼气肥

作物秸秆、青草和人粪尿等在沼气池中经微生物发酵制取沼气后的残留物。富含有机质和必需的营养元素。沼气发酵慢，有机质消耗较少，氮、磷、钾损失少，氮素回收率达 95%、钾在 90% 以上。沼气水肥作旱地追肥；渣肥作水田基肥，若作旱地基肥施后应

复土。沼气肥出池后应堆放数日后再用。

（二）有机肥料的特点、地位和作用

1. 有机肥料的特点

施用有机肥料最重要的一点就是增加了土壤的有机物质。有机质的含量虽然只占耕层土壤总量的百分之零点几至百分之几，但它是土壤的核心成分，是土壤肥力的主要物质基础。有机肥料对土壤的结构、土壤中的养分、能量、酶、水分、通气和微生物活性等有十分重要的影响。

2. 有机肥料在中国肥料结构中的地位

中国农民积制和使用有机肥料有悠久的历史和丰富的经验。在当时农业生产中起着极为重要作用。

3. 有机肥在农业生产中的作用

有机肥料含有丰富的有机物和各种营养元素，具有数量大、来源广、养分全面的优点。无机肥料正好与之相反，具有养分含量高，肥效快，使用方便等优点，但也存在养分单一的不足。因此，施用有机肥通常需与化肥配合，才能充分发挥其效益。

（三）有机肥行业标准

有机肥料的新行业实施标准为 NY525—2012，代替原有的 NY525—2011，于 2012 年 3 月 1 日发布，2012 年 6 月 1 日实施，由中华人民共和国农业部发布。

（四）无机肥的种类与养分含量

无机肥为矿质肥料，也叫化学肥料，简称化肥。

1. 无机肥的种类与养分含量

（1）碳酸氢铵：又叫重碳酸铵，含氮 17% 左右，在高温或潮湿的情况下，极易分解产生氨气挥发。呈弱酸性反应，为速效肥料。

（2）尿素：含氮 46%，是固体氮肥中含氮最多的种。肥效比硫酸铵慢些，但肥效较长。尿素呈中性反应，适合于各种土壤。一般用作根外追肥时，其浓度以 0. 1%~0. 3% 为宜。

（3）硫酸铵：含氮素 20%~21%，每千克硫酸铵的肥效相当于

60~100千克人粪尿，易溶于水，肥效快，有效期短，一般10~20天。呈弱酸性反应，多用作追肥。

(4)钙镁磷肥：含磷14%~18%，微碱性，肥效较慢，后效长。若与作物秸秆、垃圾、厩肥等制作堆肥，在发酵腐熟过程中能产生有机酸而增加肥效，宜作基肥用。适于酸性或微酸性土壤，并能补充土壤中的钙和镁微量元素的不足。

(5)硫酸钾：含钾48%~52%，主要用作基肥，也可作追肥用，宜挖沟深施，靠近发根层收效快。用作根外追肥时，使用浓度应不超过0.1%。呈中性反应，不易吸湿结块，一般土壤均可施用。

2. 无机肥与有机肥的区别

成分不同于含碳的化合物，除了二氧化碳、碳酸、碳酸盐等简单化合物，主要含碳、氢、氧的化合物，就叫做有机物。不含碳的化合物，包括上述简单化合物，称为无机物。有机肥就指主要含前一类物质的肥。而无机肥就是指含第二类化合物的化肥。

与无机肥来源不同，有机肥是用生物的排泄物或者遗体来充当肥料，有机肥中的有机物被微生物分解后，剩下的无机盐进入土壤被植物吸收，由于有机肥与环境有很好的相容性，不会对环境造成污染；无机肥就是化肥，是将高纯度的无机盐埋入土壤，这些盐溶解进入土壤后被植物吸收，由于无机盐的浓度较大，很容易造成土壤酸碱平衡被破坏，危害环境。

两种肥料都是为了给植物提供较多的无机盐，本质没什么区别，只是来源不同而已。

(五)物候期与需肥特点

核桃的需肥特点是氮、磷、钾等常量元素消耗较多，其中以氮素最多。氮素供应不足，常是核桃生长结果不良的主要原因。氮和钾是核桃的主要组成元素，而氮多于钾，增施氮肥能显著提高产量和品质，在缺磷的土壤中也必须补充磷和钙，同时还要增施有机肥。

1. 施肥种类和时期

核桃树施肥一般分基肥和追肥两种。基肥一般为经过腐熟的有机肥料，如厩肥、堆肥等。基肥可在春秋两季，最好在采收后到落叶前施入。追肥以速效无机肥为主，一般每年进行 2～3 次，初次在开花前或展叶初期；第二次在幼果发育期；第三次在坚果硬核期施入(基肥施得多，第一次追肥可不施)，追肥量占全年总量的 20%～50%。

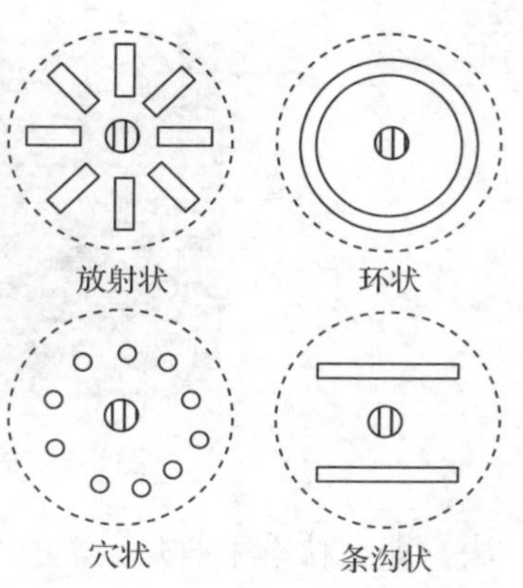

图 6-1　土壤施肥方法

2. 施肥量

根据立地条件，树龄、树势及土壤养分状况合理确定。幼树施肥应采取薄施勤施的原则，定植当年树，发芽后 5 月下旬叶片展叶后开始追肥，每月 1 次，到 9 月底施一次基肥，第二至四年，每年于 6 月、8 月、10 月共施 3 次肥即可；成年树(指嫁接苗定植第 4～5 年后)每年施基肥 1 次，追肥 2 次。基肥于秋季采果后结合土壤深耕压绿时施用(9～10 月)，每公顷施有机肥(畜禽粪水)75000 千克，磷肥 750 千克，草木灰 100 千克，尿素 15 千克。追肥共施 2 次，第一次追肥于 5 月中旬施用，每公顷施腐熟猪(鸡)粪水 22.5 吨，尿素 300 千克。第二次追肥于硬核期(6 月中旬至 7 月下旬)施用，以利于增加果重和促进花芽分化，每公顷施腐熟猪(鸡)粪水 37.5 吨，尿素 450 千克，硫酸钾 300 千克，过磷酸钙 300 千克。丰产园施肥量可根据树体生长状况和产量进行调节。

3. 施肥方法(图 6-1)

一是放射状。以树干为中心，距树干 1 米向外开挖 4～6 条放射沟，宽 40～50 厘米，30～40 厘米，深长 1～2 米，基肥深施，追肥浅施。二是环状。沿树冠外缘开挖环状沟，宽深同放射状一致，施后埋土。三是穴状。多用于追肥，以树干为中心，在树冠半径 1/2 处挖若干个小穴施入。四是条状。此法适用圆型栽培园地。在树冠外沿相对两侧开沟施入(图 6-2)。目前国内外常采用一年一次施肥方

图 6-2　核桃园秋季树行开沟施肥

法，即在秋季采收后，将所施肥料一次施入，必要时在生长期进行根外追肥。具体方法是：对初果期树，第一年冬季每株施厩肥 50 千克、尿素 0.5 千克、过磷酸钙 0.25 千克、氯化钾 0.25 千克；当年 6 月左右施一次尿素 1.5 千克，氯化钾 0.3 千克、过磷酸钙 0.15 千克，作为追肥。对盛果期树，每公顷施入纯氮 225 千克（合尿素 495 千克）、纯磷 75 千克（合 14% 过磷酸钙 540 千克）、纯钾 75 千克（合硫酸钾 156 千克）；花期、新梢速长期、花芽分化期和采收后进行 4 次叶面喷肥，前 2 次喷施 0.3%~0.5% 尿素，后 2 次喷施磷酸二氢钾，促进花芽分化。

花期喷硼砂可提高坐果率，5~6 月喷硫酸亚铁可以使树体叶片肥厚，增加光合作用，7~8 月喷硫酸钾可以有效地提高核仁的品质，对增产效益可取得良好效果。

（六）施肥注意事项

1. 施肥时间

秋施基肥要在采果清园后立即进行。此时气温尚高，光合作用尚强，根系还在活动。施肥后有利根系伤口愈合和吸收，为来年春季萌发提供营养。对于丰产后的树体来讲有补充营养的作用，通过光合作用增加树体营养贮存，达到可持续丰产的目的。追肥时间应与物候期相吻合。

2. 施肥种类

秋施基肥应以有机肥为主（厩肥、土杂肥、饼肥、草木灰等）、

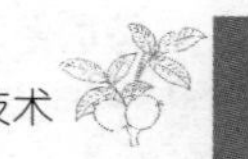

化肥为辅，做到改土与供养结合、迟效与速效互补。施用的化肥要注意氮、磷、钾肥的比例，8 月以后不宜施用过多的速效氮肥，否则易引发晚秋梢。同时，要有针对性地配施微量元素。

（七）施肥与产量的关系

影响核桃树产量的因素很多，除立地条件、树龄、品种、密度、修剪和灌水外，施肥是重要的因素之一。

1. 施肥时间与产量的关系

基肥要及时施，即采收、修剪、清理果园后就施，早施早吸收，早恢复树体，对来年的产量和品质不受影响。否则，施肥过晚，气温降低，光合作用减弱，不利根系愈伤和养分积累，也就影响了来年的产量和品质。追肥要与物候期相匹配，如花前花后，果实膨大和硬核期，正值需肥旺盛期，要及时施肥，而且应提早 3～5 天，并及时浇水，因为肥效产生需要一定的时间。错过时间达不到一定的施肥效果。

2. 施肥量与产量的关系

俗话讲，肥料是庄稼的粮食，缺乏肥料不仅影响核桃的产量和品质，也影响核桃树本身的生长以及来年的树势和产量；施肥过多也会产生不利影响，如伤根、旺长，幼树还不利越冬，尤其是施氮肥过多，形成秋季贪长，来年春季常常发生抽条。

3. 肥种与产量的关系

肥种单一或者配比不合理，造成肥料和用工浪费，不能产生应有的施肥效果。复合肥虽然有一定的比例，但产地不同，作物不同，利用率仍然不够高。因此，现在提倡配方施肥。核桃树的生长与结果对肥料的吸收是有选择性的。不同年龄时期、不同生长季节对养分的吸收消长是有不同的。生产 100 千克玉米与生产 100 千克的核桃需要的氮磷钾等营养成分的数量是不同的。只有根据生产条件（土壤）、作物种类需要、生产季节急需等，对土壤养分、叶片养分进行分析，再根据当年确定的产量进行配方施肥，才能达到理想的产量和品质。

(八)测土配方施肥

以土壤测试和肥料田间试验为基础，根据作物需肥规律、土壤供肥性能和肥料效应，在合理施用有机肥料的基础上，提出氮、磷、钾及中、微量元素等肥料的施用数量、施肥时期和施用方法。通俗地讲，就是在农业科技人员指导下科学施用配方肥。

三、水分管理

核桃树喜欢湿润，耐涝，抗寒力弱，灌水是增产的一项有效措施。核桃园的灌溉次数和灌溉量依干旱程度而定，一般年份降水量为600~800毫米，且分布均匀的地区，基本上可以满足核桃树生长发育的需要，可不灌水。北方地区年降水量多在500毫米，且分布不均匀，常出现春夏干旱，需要灌水补充降水的不足。一般在核桃树开花、果实迅速膨大、采收后及封冻前等各个时期，都应适时灌水。灌溉后及时松土，以减少土壤水分的损失。

(一)核桃树的需水特点

1. 物候期不同需水量不同

核桃的物候期分为：萌芽期、开花期、果实膨大期、硬核期、采收期、落叶期、休眠期七个时期。物候期不同需水量不同。

2. 生命周期不同需水量不同

核桃树一生可分为幼树期、结果初期树、盛果期树及衰老期四个时期，不同时期需水量不同。首先，幼树期间，树体较小，需水特点为少量多次；结果初期树，需水量加大，既要满足生长的需要，又要满足结果的需要，随着树龄的增加，需水量在不断增加；盛果期树是树冠达到最大、产量达到最大时期，这个阶段的需水量是最大，确实影响产量和品质，也影响树体本身；衰老期与水分供给有极大的关系。在盛果期不缺水，可推迟衰老期的到来，同时也就延长了经济寿命。

(二)灌水时期与灌水方法的确定

1. 灌水时期

核桃园灌水时期是根据土壤含水量和核桃树需水特点决定的。

萌芽水：3~4 月，核桃树开始萌动、发芽、抽枝、展叶、开花，几乎在一个月的时间里要完成，此时，在春旱少雨时节，应结合施肥浇水。

花后水：5~6 月，雌花受精后，果实迅速进入速长期，如干旱应及时浇水。

果实迅速膨大期：7~8 月，果实迅速膨大，并进行花芽分化，这段时期需要大量的养分和水分供应，应灌 1 次透水，以确保核仁饱满。

封冻水：10 月末至 11 月初(落叶前)，可结合秋施基肥灌一次水，这次灌水有利于土壤保墒，且能促进肥料分解，增加冬前树体养分贮备，提高幼树越冬能力，也有利于明年萌芽和开花。

2. *灌水方法*

漫灌法：在水源充足，靠近河流、水库、机井的果园边或几行树间修畦埂，通过明沟把水引入果园。

畦灌：以单株或一行为单位畦，通过多级水沟把水引入树盘内浇灌。这样用水量较少，也比较好管理，在山区梯田、坡地普遍采用。

穴灌：根据树冠大小，在树冠投影范围内开外高内低，将水注入树盘内，水渗透后埋土保墒，这样保墒效果更好。近几年，有些地方在树下埋草把，灌水后盖住，下次打开再灌；也有埋直径 40 厘米粗的塑料管两头开口，靠近底部周边打 3~4 个小孔，缓渗。根据需要可灌营养配方液，上部可盖一块塑料布，下次打开再灌(图 6-3、图 6-4)。在缺水的地方，后两种方法很适用。

图 6-3　塑料穴灌器(桶)

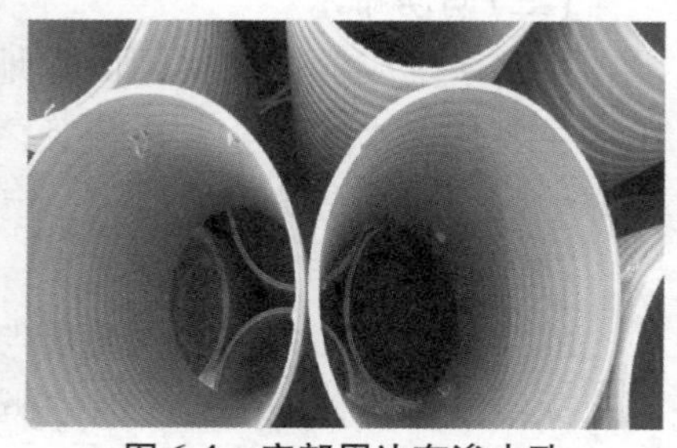
图 6-4　底部周边有渗水孔

滴灌：是一种节水灌溉法，可以结合施肥进行肥水一体化管理。滴灌需要修建一个蓄水池，根据灌溉面积设计蓄水池的大小。蓄水池应建筑在高处，靠自然压力进行灌溉。国外现代化核桃园大部分为滴灌法和微喷灌。既节水又及时，可以随时供给树体生长发育对水分的需要(图 6-5～6-8)。

图 6-5　山西临汾旱井集水

图 6-6　澳洲核桃园滴灌法

图 6-7　孝义碧山核桃公司滴灌

图 6-8　滴头每小时 6 升水

(三)防涝排水

排水系统应根据核桃园的立地条件和水源情况而定。北方丘陵山区主要是保水，防止水土流失。而在平地核桃园，降水量较多的南部地区，特别是黄淮海地区一定要考虑排灌系统。

(四)灌溉量与产量的关系

灌溉与产量的关系如同施肥与产量的关系一样十分重要。核桃园有无灌溉条件，或能否及时灌溉对核桃产量和品质有重要影响。

1. 灌溉量与当地的降水量有一定关系

我国降水量南部比北部降水量大，东部比西部降水量大。降水量在500~800毫米的地区，如果分布均匀，基本可以满足核桃树生长发育所需的水分。但是我国北方往往是春夏干旱，雨季集中在7~9月，不利采收、脱皮、清洗和晾晒。如果春季干旱，应该适当灌水；降水量在500毫米以下的地区，春夏季节干旱时必须进行灌溉。节水灌溉是这个地区的首选。我国新疆核桃产区，降水量在100毫米以下，但光照好，加之有昆仑山和天山的雪水灌溉，核桃的产量较高，品质很好，树体也健壮；我国南部降水量大于800毫米以上的地区，光照时间短，光合效率差，病害多，不适宜栽培核桃。

2. 灌溉量与产量的关系

水是生命的源泉。土壤养分的吸收、运转，叶片光合作用的进行及其产物的合成和利用，核桃树生命活动的全过程均离不开水分的参与。水分对于核桃产量的形成非常重要。张娜等在新疆做过“滴灌灌溉制度对核桃产量和品质的影响研究”。认为土壤水分下限时，果实膨大期灌溉对核桃产量的影响最大，硬核期次之，花期最差。

(五)灌溉注意事项

核桃生长发育需要大量的水分，尤其是果实发育期要有充足的水分供应。幼苗期水分不足时，生长几乎停止。结果期在过旱的条件下，树势生长弱，叶片小，果实小，甚至引起大量落花落果或叶片凋萎，从而减少营养物质的制造和积累。这种情况称为“生理干旱”，必须及时浇水纠正。核桃在排水不良、土壤长期积水的情况下，特别是受到污染时，就会缺氧，造成根系腐烂，甚至整株根系窒息死亡。

四、花果管理

(一)核桃树开花特点

核桃树一般为雌雄同株异花。从开花的时间来看，有雄先型的，有雌先型的，也有同期型的。核桃雌雄花成熟不一致，称为“雌雄异熟”性。雄花先开的品种为雄先型品种(图6-9)，雌花先开的品种为雌先型品种(图6-10)，雌雄花同时开放的品种为雌雄同期型品种。栽培当中要配备适当的授粉树。目的就是在主栽品种雌花盛开的时候，授粉品种的雄花也盛开。这样，有良好的雌雄花相遇才可能授粉受精，提高坐果，取得丰产稳产的效果。

图6-9 核桃雄花开放

图6-10 核桃雌花开放

(二)授粉受精与疏花疏果

1. 人工辅助授粉

(1)花粉的采集及稀释

从当地健壮树上采集基部小花开始散粉的粗壮雄花序，放在室内或无太阳直射的院内摊开晾干，保持16~20℃，室内可放在热炕上保持20~25℃，待大部分雄花开始散粉时，筛出花粉，装瓶，置于2~5℃低温条件下备用。

(2)授粉适期

根据雌花开放特点，授粉最佳时期是柱头呈倒“八”字形张开，分泌黏液最多时，一般只有2~3天，如果柱头干缩变色分泌物很少时，授粉效果显著降低。因此，必须掌握准确时机。有时因天气状况不良，同一株树上雌花期早晚差7~16天。为提高坐果率，有条件的地方，应两次授粉。

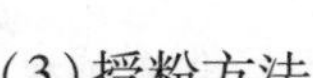

(3)授粉方法

可用双层纱布袋，内装1∶10稀释花粉，进行人工抖授，也可配成花粉水悬液1∶5000进行喷授，两者效果差别不大。

2. 疏花

疏雄花效果：山西省林科所1983年经大面积试验后，认为人工疏雄可使核桃增产30%~45%以上。河北省经试验后认为可提高坐果率9.8%~27.1%，枝条增长12.4%，增粗7.6%，叶片增重22.1%，说明去雄效果很好。

①疏雄增产原因：人工疏雄减少了树体水分养分消耗，节省的水分和营养用于雌花的发育，从而改善了雌花发育过程中的营养条件，而使坐果率提高，产量增加。

②疏雄时间、方法和数量：当核桃雄花芽膨大时去雄效果最佳，太早不好疏除，太迟影响效果。大约在3月下旬至4月上旬(春分至谷雨)。疏雄的方法主要是用手指抹去或用木钩去掉。疏雄量一般以疏除全树雄花芽的70%~90%较为适宜。虽然花粉发芽率只有5%~8%，但留下的雄花仍能满足需要。对于品种园来讲，作授粉品种核桃树的雄花适当少疏，主栽品种可多疏。

(三)保花保果

山西农业大学和左权县林业局(1985—1988)进行了花期喷硼和激素试验。结果认为，在盛花期喷一次0.4%的硼砂，35ppm的赤霉素(GA_3)能显著提高坐果率。山西林科院于1991—1992年在蒲县进行了多因子综合试验，认为盛花期喷赤霉素、硼酸、稀土均能提高坐果率，最佳浓度分别为54ppm、125ppm、475ppm。三种因素对坐果率的影响程度大小次序是赤霉素>稀土>硼酸。三种因素同时选用最佳用量时坐果率为61.93%，而对照是39.74%，增产55%。另外花期喷0.5%尿素，0.3%的磷酸二氢钾2~3次能改善树体养分状况，促进坐果。

(四)疏花疏果、保花保果与核桃品种

核桃树的花果管理与品种关系极大。目前我国通过省级以上部门鉴定与审定的品种有100多个，有早实类型品种，也有晚实类型品种，丰产性能各异。疏与保的目的都是为了丰产稳产。但是在技术手段的应用当中，应当对品种特性有深刻的了解。同时对国家标准也十分熟悉，即不同年龄时期的丰产指标是多少。

五、病虫害防治

(一)核桃主要虫害及其防治技术(彩插)

1. 核桃举肢蛾

属鳞翅目举肢蛾科。俗称核桃黑或黑核桃。山西、陕西、河南、河北等地的核桃产区普遍发生。20世纪80年代，在山西太行山区发生特别严重，果实被害率高达90%以上，年直接经济损失达500万元。

图6-11　举肢蛾成虫

(1)形态特征

①成虫：雌蛾体长4~7毫米，翅展13~15毫米，黑褐色，有金属光泽，触角丝状，密被白色绒毛(图6-11)。头胸部颜色较深，复眼朱红色。下唇须发达，向前突出，呈牛角状弯向内方。前翅狭长，翅基部1/3处有一白月形白斑，2/3处有一椭圆形白斑。后翅披针形，前后翅均有较长的缘毛。后足较长，一般超过体长，胫节和跗节被黑色毛束。雄体较瘦小。

②卵：长椭圆形，长0.3~0.4毫米。初产时乳白色，以后逐渐变为黄白色、黄色或浅红色。孵化前呈红褐色。

③幼虫：初孵化幼虫乳白色，头部黄褐色，体背中间有紫红色斑点，腹足趾钩为单序环状，纺锤形，黄褐色，长4~7毫米。

④茧：长椭圆形，褐色，上面附有草末和细土粒，长7~10毫米，在较宽的一端有一黄白色缝合线，即羽化孔。

(2)生活史及习性

图 6-12　举肢蛾幼虫危害状

该虫在山西、河北每年发生一代，在北京、陕西、四川每年发生一至两代，河南每年发生两代。均以老熟幼虫在树冠下 1～3cm 深的土内或在杂草、石缝中结茧越冬。越冬幼虫每年 6 月上旬化蛹，6 月下旬为盛期，蛹期 7 天。6 月中旬成虫开始出现，6 月下旬至 8 月上旬大量出现。成虫羽化时间一般在下午，羽化后多在树冠下部叶背活动，能跳跃，后足上举，并常做划船状摇动，行走用前、中足，静止时后足向侧上方伸举，故名“举肢蛾”(图 6-12)。

(3)防治方法

① 4 月上旬刨树盘，喷洒 25% 辛硫磷微胶囊剂 3000 倍液，或每株树用 25% 辛硫磷微胶囊剂 25 克，拌土 5～7.5 千克，均匀撒施在树盘上，用以杀死刚复苏的越冬幼虫。

② 6 月中旬用 2.5% 溴氰菊酯 3000 倍液，或 50% 杀螟松乳油 1000～1500 倍液，或 40% 乐果乳油 1000 倍液，或灭扫利 6000 倍液喷洒树冠和树干，每隔 10～15 天喷 1 次，连喷 2～3 次，可杀死羽化成虫、卵和初孵幼虫。

③ 7 月上旬用 40% 增效氧化乐果 800 倍液喷施，可杀死部分果内幼虫。

④ 7 月上中旬为落果盛期，及时收集烧毁落果，可杀死果内幼虫，降低黑果率。若发生黑果应提早于 8 月上旬采收，既可食用，又可消灭果内幼虫。

⑤林粮间作，勤刨树盘可减轻举肢蛾危害。覆土 1 厘米，95% 的成虫不能出土，覆土 3～4 厘米，成虫可全部死亡，但在自然情况下 98% 可羽化出土。农耕地比非农耕地虫茧减少近一倍，黑果率降低 10%～60%。太行山区由于自然条件差，举肢蛾十分猖獗，开展

有组织的群众性的综合管理，定能收到好的防治效果。

⑥郁闭的核桃林，在成虫发生期可使用烟剂熏杀成虫。

2. 木橑尺蠖

属鳞翅目尺蛾科，又名木橑步曲、吊死鬼等。在河北、河南、北京、山西、山东、四川等地均有发生。是一种杂食性害虫。主要危害核桃，以幼虫嚼食叶片。发生严重时，3~5天内就能将叶吃光。

(1)形态特征

①成虫：体长17~31毫米，复眼深褐色，胸部背面具有棕黄色鳞毛，在中央有一条浅灰色的斑点，在前翅基部有一近圆形的黄棕色斑纹，前翅近中央和后翅中央各有一个明显的浅灰色近圆形斑点。

②卵：长0.9毫米，扁圆形，绿色，孵化前变为黑色，卵块上覆有一层黄棕色绒毛。

③幼虫：共6龄，3龄幼虫体长18毫米，头宽1.1毫米。老熟幼虫体长约70毫米，头部暗褐色，体色随着寄生植物的颜色变化，散生灰白色小斑，头部额面有一个深棕色的"∧"形凹纹，前胸臂板先端两侧各有一个突起，胸足3对，腹足2对。

④蛹：长约30毫米，宽3毫米，初期翠绿色，最后变为黑褐色，体表布满刻点，但光滑，颅顶两侧具齿状突起，似耳状物。腹末有臀刺突起。

(2)生活史及习性

在山西、河南、河北每年发生一代。以蛹隐藏石堰根、梯田石缝内，以及树干周围土内3厘米深处越冬，也有在杂草、碎石堆下越冬的。翌年5月上旬羽化为成虫，7月中下旬为盛期，8月底为末期。成虫不活泼，趋光性强，喜欢在晚间活动，白天则静止在树上或梯田壁上，很容易发现。

(3)防治方法

①在虫蛹密度大的地区，或在结冻前和早春解冻后组织群众人工挖蛹。

②在成虫羽化初、盛期的5~7月，可在晚间烧堆火或设黑灯光

诱杀。

③在幼虫3龄前，可喷50%辛硫磷乳油1000倍液，25%的亚胺硫磷乳油1000倍液；50%的杀螟松乳油1000倍液；20%敌杀死油5000~8000倍液；或用10%氯氰菊酯1500~2000倍液喷雾防治效果很好。

3. 云斑天牛

属鞘翅目天牛科。俗称铁炮虫、核桃天牛、钻木虫等。主要危害枝干。各地核桃产区均有分布。受害树有的主枝及中心干死亡，有的整株死亡，是核桃树上的一种毁灭性害虫。

(1)形态特征

① 成虫：体长40~46毫米，宽15~20毫米，体黑色右灰褐色，密被灰色绒毛，头部中央有一纵沟。触角鞭状，长于体，前胸背板有一对肾形白斑，两侧各有一粗大刺突。小盾片白色。鞘翅上有大小不等的白斑，似云片状，基部密布黑色瘤状颗粒，两翅鞘的后缘有一对小刺。

②卵：长椭圆形，土黄色，长6~10毫米，宽3~4毫米，一端大，一端小，略弯曲扁平，卵壳硬，光滑。

③ 幼虫：体长70~90毫米，淡黄白色，头部扁平，半截属于胸部，前胸背板为橙黄色，着生黑色刻，两侧白色，其上有一个月牙形的橙黄色斑块，斑块前方有两个黄色小点。

④ 蛹：长40~70毫米，淡黄白色，触角卷曲于腹部，形似时钟的发条。

(2)生活及习性

一般2~3年发生一代，以幼虫在树干里越冬。翌年4月中下旬开始活动，幼虫老熟便在隧道的一端化蛹，蛹期1个月左右。核桃雌花开放时咬成1~1.5厘米大的圆形羽化口外出，5月为成虫羽化盛期。

(3)防治方法

① 成虫发生期，经常检查，利用其假死性进行人工震落或直接捕捉杀死。

② 利用成虫的趋光性，于6~7月成虫发生期的傍晚，设黑光灯捕杀成虫。

③ 冬季或5~6月成虫产卵后，用石灰5千克，硫磺0.5千克，食盐0.25千克，水20千克拌和后，涂刷树干基部，能防治成虫产卵，又可杀死幼虫。

④ 在成虫产卵时，寻找产卵伤疤或流黑水的地方，用刀将被害处切开，杀死卵和幼虫。

⑤ 清除排泄孔中的虫粪、木屑，然后注射药液，或堵塞药泥，药棉球，并封好口，以毒杀幼虫。常用药剂有25%杀虫脒水剂100倍液，80%敌敌畏乳剂100倍液，50%辛硫磷乳剂200倍液等。

⑥ 7~8月间每隔10~15天，各产卵刻槽上喷50%杀螟乳剂400倍液，毒杀卵及初孵幼虫，或用40%杀虫净乳剂500~1000倍液喷雾防治成虫，效果可达80%左右，还可兼治其他害虫。

4. 核桃瘤蛾

属鳞翅目瘤蛾科。又名核桃毛虫。在山西、河南、河北及陕西等核桃产区均有发生，此虫是食害核桃树叶的偶发型暴食性害虫，1971年和1975年陕西商洛核桃产区曾大规模发生，一个复叶有数十头虫。

(1)形态特征

①成虫：体长6~9毫米，翅展15~24毫米，雌虫触角丝状，雄虫羽状，前翅前缘基部及中部有三块明显的黑斑，从前缘至后缘有三条波状纹，后缘中部有一褐色斑纹。

② 卵：馒头形，直径0.2~0.4毫米，初产卵乳白色，孵化前变为褐色。

③幼虫：老熟幼虫体长10~15毫米，背面棕黑色，腹面淡黄褐色，体形短粗而扁，头暗褐色，前方有一个不太明显的“∧”字沟。中后胸背面各有4个瘤状突起，为黄白色。中后胸背面中央有一个明显的白色十字线，纵线一直延伸至前胸背板。腹部背面各节有4个暗红色的瘤，而且生有短毛。

④ 蛹：黄褐色，椭圆形，长 8~10 毫米。越冬茧长椭圆形，丝质细密，浅黄白色。

(2) 生活史及习性

核桃瘤蛾一年发生两代(第一代和越冬代)。以蛹在石堰缝中越冬，也有在树皮裂缝、树干周围杂草、落叶或土坡裂缝中越冬的。翌年 5 月下旬开始羽化，盛期在 6 月上中旬。6 月中下旬第一代幼虫孵化，7 月上中旬为幼虫危害盛期。7 月中下旬化蛹。7 月下旬至 8 月中旬出现第一代成虫。第二代幼虫于 8 月上旬开始孵化，8 月中下旬为幼虫危害盛期，9 月上中旬幼虫老熟，开始做茧化蛹越冬。成虫产卵多在叶背主脉两侧，有时也产在果实上，每处产 1 粒，有时也产 2~4 粒，散产。每头雌虫约产卵 200 粒。卵期 5~6 天。初孵化幼虫先在叶背取食，3 龄以后叶片被食成网状缺刻，仅留叶脉。

(3) 防治方法

① 利用老熟幼虫有下树化蛹越冬的习性，可在树根周围堆积石块诱杀。

② 成虫出现盛期的 6 月中旬至 7 月中旬，应用黑光灯诱杀成虫。

③ 在幼虫危害的 6~7 月，选用 50% 杀螟松乳剂 1000 倍液；25% 西维因 600 倍液；50% 乐果乳剂 1000 倍液；20% 速灭杀丁(杀灭菊酯)乳油 6000 倍液，防治效果很好。

5. 核桃叶岬

鞘翅目叶岬科。又名核桃金花虫、核桃叶虫。各地均有发生，危害核桃和核桃楸较重。以幼虫及成虫群集咬食叶片。

(1) 形态特征

① 成虫：体长 7~8 毫米，扁平，略呈长方形，青蓝色至黑蓝色。前胸背板的点刻不显著，两侧为黄褐色，且点刻较粗，翅鞘点刻粗大，纵列于翅面，有纵行棱纹。

② 卵：黄绿色。

③ 幼虫：体黑色，老熟时长约 10 毫米。胸部第一节为淡红色，以下各节为淡黑色。沿气门上线有突起。

④ 蛹：墨绿色，胸部有灰白纹，腹部第二至三节两侧为黄白色，背面中央为灰褐色。

(2)生活史及习性

一年发生一代，以成虫在地面被覆物中越冬。越冬成虫于展叶后开始活动，群集于嫩叶上，将嫩叶食成网状或破碎状。卵产于叶背面聚集成块，每块卵约20~30粒。幼虫孵化后群集于树叶背面，咬食叶肉，使叶呈现一片枯黄。6月下旬幼虫老熟，以腹部末端附于叶上，倒悬化蛹。蛹期4~5日，成虫羽化后，进行短期取食，即潜伏越冬。

(3)防治方法

春季利用成虫群集危害的习性可及时喷布1000倍氧化乐果或2000倍高效氯氢菊酯。

6. 大青叶蝉

属同翅目叶蝉科。又名青叶蝉、青叶跳蝉、大绿浮尘子。全国各地普遍发生，食性杂，危害核桃、苹果、梨等多种果树及林木。成虫在晚秋群集于核桃苗木和枝上产卵，产卵时将产卵管刺入枝条皮层，上下活动，刺成半月形伤口，然后产卵其中。使皮层鼓起，用手压可挤出黄色脓液(实为卵破裂所致)。产卵比较多的苗木或幼树的枝条越冬抽干死亡。

(1)形态特征

① 成虫：体长7.2~10.1毫米，头淡褐色，顶部有两个黑点。胸前缘黄绿色，其余部分深绿色。腹部背面蓝黑色，腹面及足橙黄色。

② 卵：长1.6毫米，乳白色，长卵圆形，稍弯曲。

③ 幼虫：形似成虫，无翅，有翅芽。

(2)生活史习性

一般每年发生3代，以卵在核桃或其他树枝条的皮下越冬。第二年4月下旬至5月上旬孵化幼虫，转移危害农作物、杂草等。7月上旬发生第二代成虫，8月下旬发生第三代成虫。10月“霜降”以后，农作物已收割，成虫向核桃树上迁移。大批成虫群集在 1 年生枝条上产卵越冬。

(3)防治方法

国庆节前后雌虫转移到核桃树上产卵时，虫口集中，可用 2000 倍敌杀死、4000 倍功夫或 2000 倍氧化乐果喷杀。一般要喷 2~3 次，每隔 7~10 天喷一次，杀虫效果好。

7. 核桃小吉丁虫

属鞘翅目吉丁虫科，危害枝条。在山西、山东、河南、河北等地均有分布。以幼虫在 2~3 年生枝条皮层中串食危害，造成枝梢干枯，幼树生长衰弱，甚至死亡。

(1)形态特征

① 成虫：体长 4~7 毫米，黑色，有铜绿色金属光泽，触角锯齿状，头、前胸背板及鞘翅上密布小刻点，鞘翅中部两侧向内凹陷。

② 卵：椭圆形、扁平，长约 1.1 毫米，初产乳白色，逐渐变为黑色。

③ 幼虫：体长 7~20 毫米，扁平，乳白色，头棕褐色尾刺。背中有一条褐色纵线。

④蛹：裸蛹，白色，羽化前黑色。

(2)生活史及习性

该虫一年发生一代，以幼虫在 2~3 年生被害枝内越冬。5 月中下旬开始化蛹，盛期在 6 月，化蛹期持续两个多月，7 月为成虫发生盛期和产卵期。成虫钻出枝后，经 10~15 天取食核桃叶片补充营养，开始交尾产卵。卵多产在树冠外围和生长衰弱的 2~3 年生枝条向阳光滑面的叶痕上或其附近处，散产，一个枝条上可产卵 20~30 粒，卵期限约 10 天。初孵幼虫即在卵的下边蛀入表皮危害，随着虫体增大，逐渐深入到皮层和木质部中间危害，隧道呈螺旋状，内有褐色虫粪，被害枝表面除有不明显的蛀孔痕道外，还有许多月牙形通气孔(图 6-13、图 6-14)。受害枝条上的叶片枯黄早落，翌年春季干枯。8 月下旬后，幼虫陆续蛀入木质部，做一蛹室越冬。

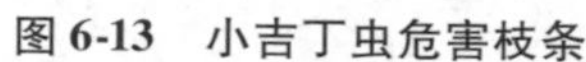

图 6-13　小吉丁虫危害枝条

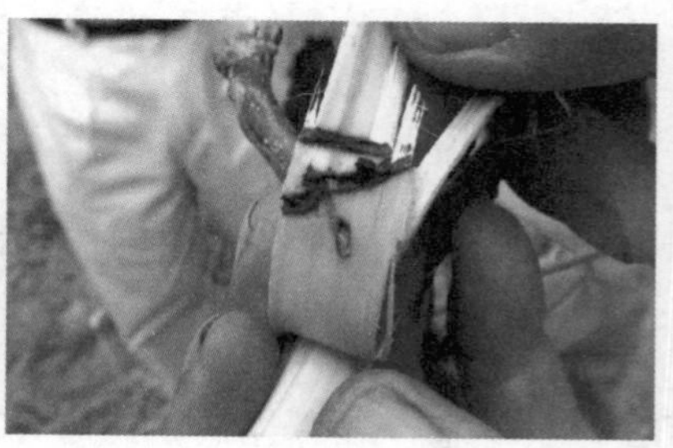

图 6-14　小吉丁虫危害皮层

(3)防治方法

① 加强对核桃树的肥水、修剪、除虫防病等综合管理，增强树势，促使树体旺盛生长，是防治该虫的有效措施。

② 采收核桃后至落叶前，发芽后至成虫羽化前结合修剪，人工将枝上的黄叶枝和病弱枝、枯枝等剪下烧毁，剪时注意多往下剪一段健壮枝，防止遗漏，效果显著且可靠。

③7~8 月，经常检查，发现有幼虫蛀入的通气孔，立即涂抹 5~10 倍氧化乐果，可杀死皮内小幼虫，或结合修剪剪去受害的干枯枝。

8. 刺蛾

刺蛾包括黄刺蛾、褐刺蛾、绿刺蛾和扁刺蛾，属鳞翅目刺蛾科。俗称痒辣子、毛八角、刺毛虫等。

(1)形态特征

① 成虫：体长 13~18 毫米，翅展 28~39 毫米，体暗灰褐色，腹面及足色深，刺蛾(*Euclea delphinii*)触角雌丝状，基部 10 多节呈栉齿状，雄羽状。前翅灰褐稍带紫色，中室外侧有 1 明显的暗褐色斜纹，自前缘近顶角处向后缘中部倾斜；中室上角有 1 黑点，雄蛾较明显。后翅暗灰褐色。

② 卵：扁椭圆形，长 1.1 毫米，初淡黄绿，后呈灰褐色。

③ 幼虫：体长 21~26 毫米，体扁椭圆形，背稍隆似龟背，绿色或黄绿色，背线白色、边缘蓝色；体边缘每侧有 10 个瘤状突起，上生刺毛，各节背面有 2 小丛刺毛，第 4 节背面两侧各有 1 个红点。

④ 蛹：体长 10～15 毫米，前端较肥大，近椭圆形，初乳白色，近羽化时变为黄褐色。茧长 12～16 毫米，椭圆形，暗褐色。

(2) 生活史及习性

黄刺蛾在山西、陕西每年发生一代。以老熟幼虫在枝条分叉处结茧越冬。第二年 7 月中下旬化蛹，8 月上中旬为幼虫发生期。初龄幼虫群栖危害，舔食叶肉，幼虫稍大，就从叶尖向下吃，仅剩下叶柄和主脉。

褐刺蛾、绿刺蛾、扁刺蛾的生活史和习性基本上和黄刺蛾相同。它们的老熟幼虫在树下浅土层中或草丛、石砾缝中结茧越冬。

(3) 防治方法

① 消灭初龄幼虫：有的刺蛾初龄幼虫有群栖危害习性，被害叶片出现透明斑，及时摘除虫叶，踩死幼虫。

② 刺蛾幼虫发生严重时，可分别用 50% 一六零五 1000 倍液，水胺硫磷 1000 倍液，10% 氯氰菊酯乳剂 5000 倍液，杀虫率达 90% 以上。

9. 金龟子

(1) 形态特征

属鞘翅目金龟总科鳃金龟科绢金龟亚科绢金龟属的昆虫。它的分布十分广泛，是我国各地最常见的金龟子的优势种之一。

(2) 生活史及习性

金龟子类的生活史较长，完成一个世代所需时间 1～6 年不等，在生活史中，幼虫期金龟子历时最长。常以幼虫或成虫在土中越冬（图 6-15、图 6-16）。金龟子的发生危害与环境条件有着密切的关系。地势、土质、茬口等直接影响金龟子种群的分布，而大气、土壤温湿度的高低则直接决定金龟子成虫出土、产卵和幼虫的活动与危害。在华北和东北地区 2 年发生一代，黄河以南 1～2 年发生一代，均以成虫或幼虫在土中 20～40 厘米深处越冬。第二年越冬成虫在 10

图 6-15　金龟子成虫

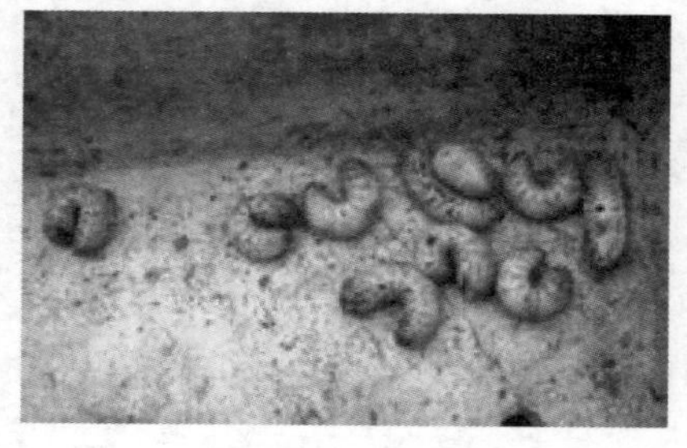
图 6-16　金龟子幼虫

厘米地温达 14～15℃时开始出土，5 月上旬至 7 月中下旬，为成虫的盛发期，产卵盛期在 6 月上旬至 7 月上旬。成虫白天潜伏土中，傍晚出土活动，能取食多种作物和树木的叶片或果树花芽，有假死性和较强的趋光性。

(3)防治方法

① 人工捕捉：利用成虫的假死特性，清晨或傍晚在地上铺开塑料薄膜后，摇动树枝，则成虫落在塑料薄膜上，集中消灭。

② 灯光诱杀：利用成虫的趋光性，在夜间使用黑光灯、电灯诱杀。即在灯下放一小盆水，水中放少量汽油或柴油，成虫通过水面反光冲入盆中后即可杀死。现在生产上大量使用太阳能杀虫灯消灭金龟子。

③ 果糖诱杀：用 40 厘米长和底部有节的毛竹筒，用塑料绳(带)穿好后挂靠在树干上，筒内放 1 个已成熟并削去皮后的果实，再加少量蜜糖或浓糖水，成虫闻到果糖味后，会沿着筒壁爬入筒内取食。爬下后便不能爬出，每天傍晚前收集成虫杀死。

④ 药物防治：5～6 月成虫盛发期间，在地表撒施辛硫磷等触杀剂；对树冠喷布 90%敌百虫 800 倍液、80%敌敌畏 1000 倍液或 25%西维因 200 倍液，均可有效杀死成虫。

10. 叶蝉(浮尘子)

(1)形态特征

成虫雌虫体长 9.4～10.1 毫米，头宽 2.4～2.7 毫米；雄虫体长 7.2～8.3 毫米，头宽 2.3～2.5 毫米。头部正面淡褐色，两颊微青，在颊区近唇基缝处左右各有 1 小黑斑；触角窝上方、两单眼之间有 1 对黑斑。复眼绿色。前胸背板淡黄绿色，后半部深青绿色。小盾片淡黄绿色，中间横刻痕较短，不伸达边缘。

(2)生活史及习性

北方年生3代，以卵于树木枝条表皮下越冬。4月孵化，于杂草、农作物及蔬菜上危害，若虫期30~50天，第一代成虫发生期为5月下旬至7月上旬。各代发生期大体为：第一代4月上旬至7月上旬，成虫5月下旬开始出现；第二代6月上旬至8月中旬，成虫7月开始出现；第三代7月中旬至11月中旬，成虫9月开始出现。发生不整齐，世代重叠。

(3)防治方法

① 在成虫期利用灯光诱杀，可以大量消灭成虫。

② 成虫早晨不活跃，可以在露水未平时，进行网捕。

③ 在9月中旬至10月中旬，当雌成虫转移至树木产卵以及4月中旬越冬卵孵化，幼龄若虫转移到矮小植物上时，虫口集中，可以用90%敌百虫晶体、80%敌敌畏乳油、50%辛硫磷乳油、50%甲胺磷乳油1000倍液喷杀。

(二)主要病害及其防治方法(彩插)

1. 黑斑病

核桃黑斑病在我国核桃产区均有不同程度发生，是一种世界性病害。新疆早实型核桃发病较重，严重造成早期落叶，果实变黑、腐烂、早落，或使核仁干瘪减重，出油率降低。

(1)病害症状

病菌主要危害果实，其次是叶片、嫩梢及枝条，核桃幼果受害后，开始在果面上出现黑褐色小斑点，后手套成圆形或不规则形黑色病斑并下陷，外围有水渍状晕圈。果实由外向内腐烂，常称之为“核桃黑”。幼果发病，因果壳未硬化，病菌可扩展到核仁，导致全果变黑，早期脱落。当果壳硬化后，发病病菌只侵染外果皮，但核仁不同程度地受到影响。

(2)发病规律

病原细菌在感病枝条、芽苞或茎的老病斑上越冬。翌年春天借雨水和昆虫活动进行传播，首先使叶片感病，再由叶传播到果实及枝条上。细菌能侵入花粉，所以花粉也可成为病菌的传播媒介。每年4~8月发病，反复侵染多次。病菌侵入果实内部时，核仁也可带菌。

细菌从皮孔和各种伤口侵入。举肢蛾、核桃长足象、核桃横沟象等在果实、叶片及嫩枝上取食或产卵造成的伤口，以及灼伤、雹伤都是该菌侵入的途径。

该病菌能侵染多种核桃。不同品种、类型、树龄、树势的植株发病程度均不同。一般新疆核桃重于本地核桃，弱树重于健壮树，老树重于中幼龄树。虫害多的植株或地区发病严重。

(3)防治方法

① 选育抗病品种作为防治的重要途径。像本地良种'晋龙1号'，早实良种'辽核4号'抗病性就强。

② 加强苗期病害防治，尽量减少病菌，在新发展的地区，禁用病苗定植，防止病害扩展蔓延。

③ 加强栽培管理，保持树体健壮生长，提高抗病能力。

④ 核桃发芽前，喷一次5波美度石硫合剂，消灭越冬病菌，减少侵染病源，兼治介壳虫等其他病虫害。

⑤ 在核桃展叶前，喷1∶0.5∶200(硫酸铜∶生石灰∶水)的波尔多液，保护树体，既经济又效果好。

⑥ 在5~6月发病期，用50%可湿性托布津粉剂1000~1500倍液防治，效果较好。在核桃开花前、开花后、幼果期、果实速长期各喷一次波尔多液、代森锌可兼治多种病虫，用25%亚胺硫磷乳剂加65%代森锌可湿性粉剂加尿素加水(2∶2∶5∶1000)等混合液喷雾。可达到病虫兼治，还可起到根外追肥的作用，防治效果良好。

⑦ 采收后，结合修剪，清除病枝，收拾净枯枝病果，集中烧毁或深埋，以减少病源。

根据核桃病害的发生及其发展规律，应以防为主，综合治理，在科学管理，保证树势健壮的前提下生产才会有质有量，获得较大的经济收益。

2. 炭疽病

该病主要危害果实、幼树、嫩梢和芽。在新疆主要危害核桃果实，引起早落或核仁干瘪，发病重的年份对核桃产量影响很大。

(1)病害症状

果实受害后，果皮上出现褐色至黑褐色病斑，圆形或近圆形，中央下陷，病部有黑色小点产生，有时呈轮状排列。湿度大时，病斑小黑点处呈粉红色突起，即病菌的分生孢子盘及分生孢子(图6-17)。

图6-17 核桃炭疽病

(2)发病规律

核桃炭疽病由真菌的盘圆孢菌所致，病菌以菌丝体在病枝、芽上越冬，成为来年初次侵染来源。病菌分生孢子借风、雨、昆虫传播，从伤口、自然孔口侵入，在25~28℃温度下，潜育期3~7天，一般幼果期易受侵染，7~8月发病重，并可多次进行再侵染。

(3)防治方法

基本上与防治核桃黑斑病相同，喷药时间略晚。

3. 腐烂病

又名黑水病。在山西、山东、四川等地均有发生，从幼树到大树均有受害。

(1)病害症状

核桃腐烂病主要危害枝干树皮，因树龄和感病部位不同，其病害症状也不同。大树主干感病后，病斑初期隐藏在皮层内，俗称“湿囊皮”。有时多个病斑连片成大的斑块，周围聚集大量白色菌丝体，从皮层内溢出黑色粉液。发病后期，病斑可扩展到长达20~30cm。树皮纵裂，沿树皮裂缝流出黑水(故称黑水病)，干后发亮，好似刷了一层黑漆，幼树主干和侧枝受害后，病斑初期近于梭形，呈暗灰色，水浸状，微肿起，用手指按压病部，流出带泡沫的液体，酒糟气味(图6-18、图6-19)。

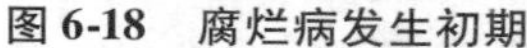

图6-18　腐烂病发生初期

图6-19　腐烂病旧病疤

(2)发病规律

核桃腐烂病是一种真菌(属球壳孢目)所致，在显微镜下，分生孢子器埋于木栓层下，多腔，形状不规则，黑褐色，有长颈。分生孢子单孢，无色，香蕉形。病菌以菌丝体及分生孢子器在病树上越冬。翌年早春树液流动时，病菌孢子借雨水、风力、昆虫等传播。

(3)防治方法

① 加强核桃园的综合管理，提高树体营养水平，增强树势和抗寒抗病能力，是防治此病的基本措施。

② 经常检查，一经发现及时刮治病斑。用40%福美砷可湿性粉剂50~80倍液，或50%甲基托布津可湿性粉剂50倍液，或50%退菌特可湿性粉剂50倍液，或5~10波美度石硫合剂，或1%硫酸铜液进行涂抹消毒，然后涂波尔多液保护伤口病疤最好刮成菱形，刮口应光滑，平整，以利愈合。

③采收核桃后，结合修剪，剪除病虫枝，刮除病皮，收集烧毁，减少病菌侵染源。

④ 冬季刮净腐烂病疤，然后树干涂白，预防冻害、虫害引起腐烂发生。

4. 核桃枝枯病

核桃枝枯病主要为害核桃枝干，造成枯枝和枯干。一般植株被害率20%左右，严重时达90%，对产量影响较大。

(1)病害症状

1~2年生的枝梢或侧枝受害后，先从顶端开始，逐渐蔓延至主干。受害枝上的叶变黄脱落。病枝皮层逐渐失绿，变成灰褐色，干燥开裂，并露出灰褐色的木质部，当病斑扩展绕枝干一周时，枝条逐渐枯死。在病死枝干的皮层表面产生许多突起的黑色小点，直径1~3毫米。

(2)发病规律

病菌在病枝上越冬，次年早春病菌孢子借风力、雨水、昆虫等传播，从机械伤、虫伤、枯枝处或嫩梢侵入，逐渐扩大，皮层枯死开裂，病部表面散生黑色粟粒状突起的分生孢子盘，不断散放出分生孢子，进行多次侵染，7~8月为发病盛期。到9月后停止发病。

(3)防治方法

① 加强栽培管理，增强树势。

② 剪除枯枝。6~8月连续喷3次代森锰锌300倍液，每隔10天喷一次，防治效果好。

(4)防治实例

主要技术措施如下。

①加强土壤管理：每年全园耕翻1~2次，树盘松土除草。

②施肥：春季核桃萌芽至开花期，每株追碳铵1~2千克，秋季施农家肥10千克，过磷酸钙1~2千克。

③剪除枯枝，6~8月连喷3次300倍代森锰锌。

(三)核桃病虫害的无公害防治

1. 核桃病虫害无公害防治原则

核桃病虫害的防治方法很多，实际应用时应遵循“预防为主，综合治理”的植保方针，以农业和物理防治为基础，生物防治为核心，按照病虫害的发生规律和经济阈值，科学使用化学防治技术，尽量少用药，巧用药，达到保护天敌、减少环境污染等目的，有效控制病虫危害。

2. 核桃病虫害无公害防治措施

(1)农业防治

① 合理间作、套作：果园间作物选择要与核桃树无不良影响，没有共同病虫害的作物种类，不间作高秆作物，不套种其他果树，保持生长季节良好的果园生态环境，压低和控制病虫害滋生繁衍能力。

② 及时耕翻：生长期结合中耕除草，收获后对树冠下进行全面深翻，既可以灭虫，又可以疏松土壤，提高树体越冬及抗病虫害能力。

③ 合理浇灌、施肥，增强树势：以施用有机肥为主，配合无机复合肥，控制氮肥；合理调节负载量；生长后期控制土壤水分；并合理整形修剪，调整改造高大老龄树体结构，降低树高，保持树冠通风透光，以增强树势、便于管理。

④ 加强田间管理：在核桃生长期和采收后清洁果园，刮树皮，堵树洞，除卵块，剪除病虫枝，压低休眠期病虫越冬基数，可有效防治核桃小吉丁虫、黄须球小蠹和黑斑病、枯枝病等。成虫产卵前在根颈部和临近主根上涂抹石灰泥阻止产卵，对根象甲和芳香木蠹蛾有很好的防治效果。

(2)物理防治

物理防治是指通过创造不利于病虫发生但有利于或无碍于作物生长的生态条件的防治方法。它是根据害虫生物学特性，通过病虫对温度、湿度或光谱、颜色、声音等的反应能力，采取糖醋液、树干缠草绳、黄色粘虫板、驱虫网和黑光灯等方法来控制虫害发生，杀死、驱避或隔离害虫。

(3)生物防治

生物防治是利用有益生物或其他生物来抑制或消灭有害生物的一种防治方法。可利用微生物防治，常见的有真菌、细菌、病毒和

能分泌抗生物质的抗生菌，如白僵菌、苏云杆菌、病毒、5406 等。利用寄生性天敌防治，主要有寄生蜂和寄生蝇等。利用捕食性天敌防治，主要为鸟类和捕食性昆虫等，如山雀、灰喜鹊、啄木鸟、瓢虫、螳螂、蚂蚁、蜘蛛等。

(4)化学防治

化学防治的用药原则是根据防治对象的生物学特性和危害特点，合理使用生物源农药、矿物源农药和低毒有机合成农药，有限制地使用中毒农药，禁止使用剧毒、高毒、高残留农药。

① 其中允许使用的农药品种有：

杀虫杀螨类：1% 阿维菌素乳油、10% 吡虫啉可湿性粉剂、25% 扑虱灵可湿性粉剂、0.3% 苦参碱水剂、苏云金杆菌可湿性粉剂、石硫合剂、45% 晶体硫合剂等。

杀菌类：5% 菌毒清水剂、腐必清乳剂、2% 农抗 120 水剂、80% 喷克可湿性粉剂、80% 大生 M－45 可湿性粉剂、70% 甲基托布津可湿性粉剂、50% 多菌灵可湿性粉剂、40% 福星乳油、1% 中生菌素水剂、27% 铜高尚悬浮剂、石灰倍量式或多量式波尔多液、50% 扑海因可湿粉、70% 代森锰锌可湿性粉剂、70% 乙膦铝锰锌可湿性粉剂、15% 粉锈宁乳油、50% 硫胶悬剂、石硫合剂、843 康复剂、68.5% 多氧霉素、75% 百菌清可湿性粉剂等。

②限制使用的农药有：20% 灭扫利乳油、30% 桃小灵乳油、80% 敌敌畏乳油、4.5% 高效氯氰乳油、20% 菊马乳油、21% 灭杀毙乳油、5% 来福灵乳油、20% 速灭希丁乳油、70% 溴马乳油、2.5% 敌杀死乳油。

③ 禁止使用的农药有：甲拌磷、乙拌磷、久效磷、对硫磷、甲基对硫磷、甲基异硫磷、灭线磷、硫环磷、地虫硫磷、氯唑磷、苯线磷、氧化乐果、磷胺、百克威、涕灭威、灭多威、杀虫脒、三氯杀螨醇、克螨特、滴滴涕、六六六、林丹、氟化钠、氟乙酰胺、福美砷及其他砷制剂等。

④ 合理使用化学农药，具体措施有：

A. 加强病虫害的预测预报，做到有针对性的适时用药，在发生初期及时用药，未达到防治指标或益害虫比合理的情况下不用药。

B. 允许使用的农药，每年最多使用 2 次。最后一次施药距采收期 20 天以上。

C. 限制使用的农药，每年最多使用 1 次。最后一次施药距采收期 30 天以上。

D. 严禁使用禁用的农药和未核准登记的农药。

E. 根据天敌的发生特点，合理选择农药种类、施用时间和施用方法，保护天敌。

F. 注意不同作用机理的农药交替使用和合理混用，以延缓病菌和害虫产生抗药性，提高防治效果。

六、核桃园的越冬管理技术

（一）我国核桃分布与冻害

我国核桃分布在华北、西北、西南等地 20 多个省份，地理位置、气候特点、海拔高度、土壤类型多种多样。由于经度、纬度跨越较大，形成了气候差异，特别是各地均有小气候形成，因而栽培范围有所扩大。但是超出小气候的地方，常常遭受冻害。我国核桃产区的冻害，即使在适宜栽培的地区，也常有因气候反常造成低温冻害。因此，须坚持适地适树的原则，科学发展。

（二）常见冻害表现

核桃树遭受低温冻害后，主要体现在树干纵向产生裂纹，枝梢失水抽干死亡（图 6-20、图 6-21）。花、叶、芽干枯脱落几个方面。冻害较轻时，秋梢部分受冻后失水抽干，不影响当年产量。1~3 年生幼树根茎部形成层受冻后先产生环状褐色坏死病斑，后皮层变褐腐烂，流出黑水。严重时，地上部分整株死亡（图 6-22~图 6-23）。

图 6-20　严重霜冻地上部冻死

图 6-21　轻微霜冻

图 6-22　主干冻裂

图 6-23　引起枝干腐烂病

(三)常见防冻措施与预防效果

1. 预防措施

(1)园址选择

核桃是多年生树种，在同一地方生长少则十几年，多则几十年上百年。在选择园址时，尽可能地满足树体生长发育所需的外界气候条件。不宜在地下水位高、土壤板结、盐碱地栽植核桃树。

(2)品种选择

在品种选择上要根据当地的区划要求因地制宜，选择抗寒性强的品种进行栽培。切不可盲目发展，更不要贪大、求新、赶时髦。

(3)加强田间管理，提高越冬能力

加强核桃园田间管理，主要是通过改进栽培技术，控制营养生长和生殖生长，以提高树体的抗寒力，这是避免和减轻冻害的最根本的技术措施。

(4)加强树体保护，改善环境条件

在树体越冬前采用保护树体，可以避免冻害或减轻冻害的程度。新定植幼树，可涂白，树干缠卫生纸+地膜双层保护。对30厘米以下小树苗，采取封土堆，或套塑料袋装土等措施使幼树免遭冻害(图6-24)。根颈是树体地上部和地下部连接的部位，也是树体比较活跃的地方，进入休眠最晚，而解除休眠又早，常因地表温度剧烈变化而产生冻害。采取根颈培土可以减小温差，提高根颈的越冬能力。树体涂白可杀死一些虫卵、病菌，同时可防止日烧及动物危害树体。越冬前灌封冻水已经是北方核桃园一项重要的防寒技术措施，其主要作用是贮备较多的水分，以满足冬末春初根系生长和树液流动、进入生长时期的水分需要，对于缓解冻害也有重要作用(图6-25)。

图6-24　小树套塑料袋装土越冬

2. 减灾措施

(1)树干保护

冻害发生后，为防止冻害加重和腐烂病的大发生，应立即进行

图 6-25 较大的树双层套袋越冬

树干涂白工作。清除树干周围积雪，促使地温回升。地表解冻后，幼树以树干为中心，铺设 1～1.2 平方米的塑料薄膜，以提高根系温度，促进及早生长。

(2)施肥浇水

土壤解冻后至萌芽前(3 月上中旬)施肥浇水 1 次。以提高树势。大树株施有机肥 50 千克，尿素 1～2 千克。幼树株施尿素 0.2～0.5 千克，施肥后马上浇水。展叶后喷施 0.1～0.3% 尿素和磷酸二氢钾混合液进行叶面追施。

(3)适时修剪

对冻害树在芽萌动至展叶前(3 月中下旬至 4 月中旬)分清枝干冻害部位，进行适时适度修剪，剪除枝干枯死部分。5 月上中旬，对修剪后枝条上的萌枝、新梢进行选留工作。选择培养新的骨干枝及结果枝组。剪除背上枝、直立枝、过密枝、交叉枝等，尽快恢复树势、树形。

(4)防治腐烂病

核桃树遭受冻害后，易发生腐烂病。一经发现，要及时防治。刮除病斑，并用 5～10 波美度的石硫合剂涂抹消毒，同时将刮下的病斑组织集中烧毁。

七、核桃园的清洁管理

（一）核桃园保洁

标准化核桃园的生产必须做好保洁工作。在一年的生产活动中，要经过多种程序，每一项工作都要求快速、整洁、无污染。如育苗工作中发霉、腐烂种子的处理，土壤的消毒，出苗后塑料布的捡拾收集等。核桃园修剪的枝条处理，伤口的保护，园地及道路的清理等。机械的维修、停放，燃料、工具的清洗保洁与存放。仓库里生产资料的堆放，包括肥料、药品、器具等。坚果、纸箱及加工机械设备的放置，鼠害的防控。整个核桃园行道路线、各类功能区均应整洁有序。

（二）废枝条的利用

在现代核桃园里，每年的整形修剪都会产生相当多的废弃枝条，还有一部分是改接换优等形成的。这些废弃的枝条利用很少，主要用于农村燃料或堆肥，而相当多的残枝落叶不可避免地被堆放在田边、路旁和宅院附近，极易造成严重的环境污染。为了预防病虫害的侵染，目前已经研究出了枝条处理机，即枝条粉碎机。山东蓬莱果园已经有果园废枝条的利用，既可地面覆盖，也可制作生物燃料，值得借鉴。

（三）塑料、药瓶等废物的处理

核桃园同其他果园一样，每年有大量的废旧塑料布、塑料条、塑料瓶，特别是农药、杀草剂等废旧瓶子四处堆积，影响了核桃园的形象。主管领导要有强烈的责任感，予以高度重视，通过分类保存，积攒起来集中处理。也有一些园子位置好，交通条件也好，成为游人的郊外旅游地。常常造成果园环境污染，建议果园管理人员强化设施建设，在游客主要活动的场所放置一些垃圾桶，及时收集处理。同时，也要制作一些宣传标语警示教育，共同建设我们的核桃园，让核桃园更加清洁、舒适、清静、优雅、令人神往。让生产的核桃更加健康、环保！

第七章

核桃采收与贮藏技术

一、采收前果园清理

核桃在果实成熟采收前应当清理果园。采收前树下往往有一些树枝、杂草、杂物和落果，不便于捡拾采收的果实。特别是一些落果，其中有些是病虫果，有些是烂果，若不清理，将直接影响采收果实的品质(图 7-1 ~ 图 7-4)。

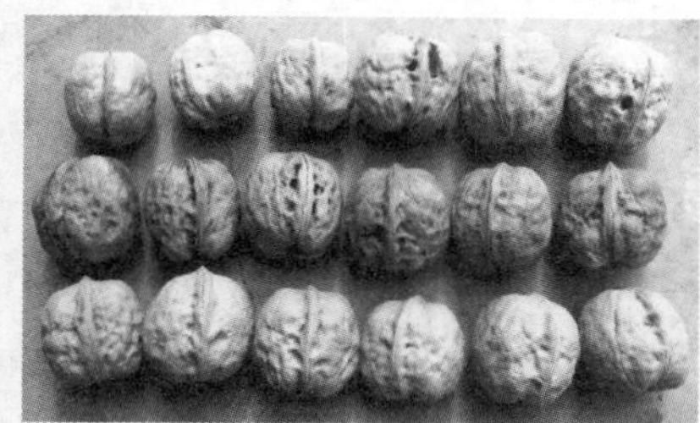

图 7-1　中林 1 号坚果外表

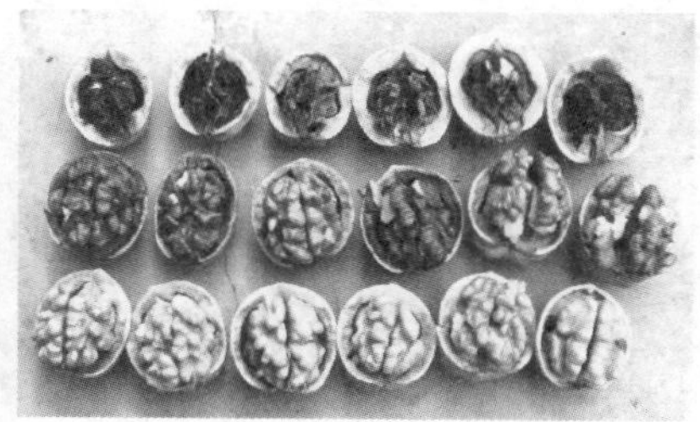

图 7-2　中林 1 号对应核仁质量

图 7-3　鲁光坚果外表

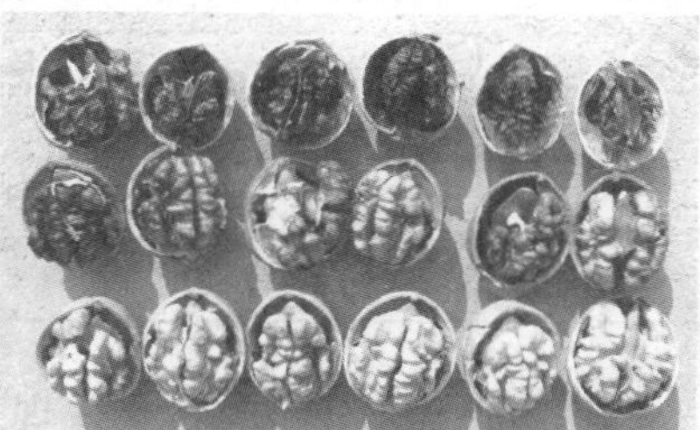

图 7-4　鲁光坚果对应核仁质量

二、实时采收

研究认为，核桃仁的成熟早于青皮的开裂，因此不同的品种采收时间应当慎重确定(图 7-5)。采收过早，不易脱皮，核仁欠饱。采收过晚，核仁变褐。有些壳薄的品种，特别是缝合线松的品种，很容易裂口，氧化变褐，甚至腐烂，直接影响了坚果的品质(图 7-6)。因此针对不同地点，不同品种，应当根据销售需要实时采收。

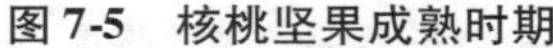

图 7-5　核桃坚果成熟时期

图 7-6　核桃成熟过度

三、采收时间与坚果品质

关于采收时间必须严格定义。纸皮核桃品种应当在青皮变黄、核壳未开裂前采收为适当采收期；薄壳核桃品种应当在青皮开裂 5% 左右，为适当采收期(表 7-1)。

表 7-1　不同采收期出仁率和脂肪含量变化(河南省林业科学研究所 1980—1982)

采收日期（日/月）	20/8	25/8	30/8	4/9	9/9	14/9	19/9
出仁率(%)	43.1	45.0	45.2	46.7	46.4	46.4	46.8
脂肪(%)	66.6	68.3	68.8	68.7	68.8	68.9	69.8

目前，我国核桃掠青早采现象相当普遍，有的地方 8 月初就采收核桃，从而成为影响核桃产量和降低坚果品质的重要原因之一，

应该引起各地足够重视，根据销售目标（青果或干果）制定统一采收时期。

四、采收顺序与青果放置

（一）采收顺序

核桃采收应当根据品种成熟的早晚来确定。

早实品种中，'京861''香玲''薄丰''中林5号''温185''薄壳香'成熟最早。在晋中地区8月底即成熟；'中林1号''鲁光''辽宁1号''扎343''西扶1号''晋龙1号''晋龙2号''礼品2号'等次之，9月10号左右成熟；'中林3号'成熟最晚，20号左右成熟，美国强特勒品种9月底成熟。不同年份可相差1周至10天，甚至半个月。

（二）采收方法

采收核桃的方法分人工采收法和机械振动采收两种。我国大部分种植区是人工采收法。在核桃成熟时，用有弹性的长木（竹）杆，自上而下，由内向外顺枝敲击，较费力费工（图7-7）。现代矮化密植核桃园，树冠较矮，人工采摘好，尽管费工，但对于一些纸皮核桃来讲，破损率少，脱洗效果好。国外采用机械振动法采收核桃（图7-8），因为他们的栽培条件较好，地势平坦且采收期不下雨。

图7-7　人工用木杆敲落采收

图7-8　澳洲机械振动摇落采收

（三）采收后青果放置

核桃青果从树上采收后不能放在日光下暴晒。据美国乔治·C

马丁等(1973)试验，采收后暴晒在阳光下的果实，其种仁温度较气温高10℃以上，当种仁温度超过40℃时，就会使种仁颜色变深而降低果品质量。因此，采收后的果实要置于通风阴凉处。

(四)青果处理

如果是销售青果，那么，采收时间应该早2~3周，采后装入定制的塑料袋，如5千克袋，10千克袋，封口后摆放好。储存青果需要建立冷藏库，根据储存量设计大小。

销售干果或果仁的，将青果袋摆放整齐。高度6~8层。不同品种放置在不同的地方，并予以标注，7~10天可以机械脱皮清洗。数量大要留出通风道，以防发热。

(五)清洗

为了提高核桃的外观品质，脱皮后要及时清洗坚果表面残留的烂皮、泥土及其他污物。目前机械脱皮清洗同时进行(图7-9)，一次性完成。只有分散的农户，栽培面积小采用传统方法脱洗。作种子用的核桃，脱青皮后不必水洗，更无需漂白，直接晾干后贮藏(图7-10)。

图7-9　机械清洗法

图7-10　自然晾干法

(六)坚果干燥

贮藏的核桃一般含水量应低于8%，高于8%的，核仁易生长霉菌。生产上以内隔膜易于折断为粗略标准。美国的研究认为，核桃干燥时的气温不宜超过43.3℃，温度过高使仁内含的脂肪腐败，杀

死种子，并破坏核仁种皮的天然化合物。因过热导致的油变质有的不会立即显示，而在贮藏后几周，甚至数月后才能发生。我国现在除晾晒外，多数地方都采用烘干设备，脱皮清洗后的坚果，放置在烘干池（箱）内，温度一般控制在 40～43℃，48～50 小时即可烘干。若在院里晾晒 1 天，然后装池烘干只需要 30 小时左右。

美国在 1920 年前，核桃均铺在木盘上晒干，这种干燥方法很费劳力，天气不晴朗时，需晒 20 天，遇雨或有雾时坚果易发霉。1930 年以后，有一半的坚果用热风干燥，干燥时间缩短至 24～48 小时。目前普遍采用固定箱式，吊箱式或拖车式，加热至 43. 3℃ 的热风以 0. 5 米/秒左右的速度吹过核桃堆，直至达到烘干的要求（图 7-11、图 7-12）。

图 7-11　美国天然气箱式烘干法

图 7-12　美国大型电热烘干法

（七）核仁化学成分及采后生理

1. 化学成分

蛋白质约占核仁干果重的 15%～20%，主要八种氨基酸成分是：苯丙氨酸、异亮氨酸、缬氨酸、蛋氨酸、色氨酸、苏氨酸、赖氨酸和组氨酸。糖为果糖、葡萄糖和蔗糖。脂肪主要含有四种脂肪酸与糖醇和丙三醇结合成三酸甘油酯。核桃仁主要含不饱和脂肪酸，即在脂肪酸分子链上由二价碳原子相联结，约占整个脂肪酸的 90%，其中油酸占 13%，有一个双键，亚油酸占 65%，有两个双键，亚麻酸占 12%，有三个双键。故核桃油的质量好，但同时也增加了被氧化的机率。

核桃仁的微量可溶性化合物尚有维生素 C，苹果酸和磷酸，以及各种氨基酸。其中有两种蛋白质内不常发现的 γ - 氨基丁酸和瓜氨酸，γ - 氨基丁酸是传递神经冲动的化学介质。

2. 采后生理

干燥核仁含水量很低，所以呼吸作用很微弱。核桃脂肪含量高，约占核仁的 60%~70%，因而会发生腐败现象。在核桃贮藏期间，脂肪在脂肪酶的作用下水解成脂肪酸和甘油。甘油代谢形成糖或进入呼吸循环。充分干燥的核仁贮于低氧环境中可以部分解决腐败问题。

(八) 贮藏

核桃适宜的贮藏温度为 1~2℃，相对湿度 75%~80%。一般的贮藏温度也应低于 8℃。坚果贮藏方法随贮藏数量与贮藏时间而异。数量不大，贮藏时间较长的，采用聚乙烯袋包装，在冰箱内 1~2℃的条件下冷藏 2 年以上品质良好。

(九) 坚果及核仁商品分级标准

1. 坚果分级标准与包装

在国际市场上，核桃商品的价格与坚果大小有关。坚果越大价格越高。根据外贸出口的要求，以坚果直径大小为主要指标，通过筛孔为三等。30 毫米以上为一等，28~30 毫米为二等，26~28 毫米为三等。美国现在推出大号和特大号商品核桃，我国也开始组织出口 32 毫米核桃商品。出口核桃坚果除以果实大小作为分级的主要指标外，还要求坚果壳面光滑、洁白、干燥（核仁水分不超过 4%），杂质、霉烂果、虫蛀果、破裂果总计不允许超过 10%。GB/T 20398—2006 规定了《我国核桃的坚果质量标准》，见表 7-2。

表 7-2 核桃坚果质量分级指标

项目		特级	Ⅰ级	Ⅱ级	Ⅲ级
基本要求		坚果充分成熟，壳面洁净，缝合线紧密，无露仁、虫蛀、出油、霉变、异味等果。无杂质，未经有害化学漂白处理			
感官指标	果形	大小均匀，形状一致	基本一致	基本一致	
	外壳	自然黄白色	自然黄白色	自然黄白色	自然黄白或黄褐色
	种仁	饱满，色黄白、涩味淡	饱满，色黄白、涩味淡	较饱满，色黄白，涩味淡	较饱满，色黄白或浅琥珀色，稍涩
物理指标	横径(毫米)	≥30.0	≥30.0	≥28.0	≥26.0
	平均果重(克)	≥12.0	≥12.0	≥10.0	≥8.0
	取仁难易度	易取整仁	易取整仁	易取半仁	易取四分之一仁
	出仁率(%)	≥53.0	≥48.0	≥43.0	≥38.0
	空壳果率(%)	≤1.0	≤2.0	≤2.0	≤3.0
	破损果率(%)	≤0.1	≤0.1	≤0.2	≤0.3
	黑斑果率(%)	0	≤0.1	≤0.2	≤0.3
	含水率(%)	≤8.0	≤8.0	≤8.0	≤8.0
化学指标	粗脂肪含量(%)	≥65.0	≥65.0	≥60.0	≥60.0
	蛋白质含量(%)	≥14.0	≥14.0	≥12.0	≥10.0

2. 取仁方法及核仁分级标准与包装

(1)取仁方法

我国核桃取仁有手工砸取，也有小型砸仁机械，半手工操作，破损率低，效率高。砸仁之前一定要搞好卫生，清理场地，不能直接在地上砸。坚果砸破后要装入干净的筐篓或堆放在铺有席子、塑料布的场地上。剥核仁时，戴上干净手套，仁装入干净的容器中，然后再分级包装。国外采用大型破壳机摇摆振动分离、分级、包装。

(2)核桃仁的分级标准与包装

核桃仁主要依其颜色和完整程度划分为8级：

白头路：1/2 仁，淡黄色；

白二路：1/4 仁，淡黄色；

白三路：1/8 仁，淡黄色；

浅头路：1/2 仁，浅琥珀色；

浅二路：1/4 仁，浅琥珀色；

浅三路：1/8 仁，浅琥珀色；

混四路：碎仁，种仁色浅且均匀；

深四路：碎仁，种仁深色。

(3) 核桃仁出口包装

核桃仁出口要求按等级用纸箱或木箱包装，每箱仁净重 20~25 千克。包装时一般在箱底和四周衬垫硫酸纸等防潮材料，装箱之后立即封严、捆牢。在箱子的规定位置上印明重量、地址、货号。

(十) 核桃销售

1. 鲜果销售

近几年，鲜果销售较好。包装多样，有纸箱、纸盒、纸袋、塑料袋。质量有分品种销售，也有混杂销售的。价格低的 3~5 元/千克，高的 6~8 元/千克。鲜果销售可及时得到收益，提前施肥修剪，对树体恢复也有好处。特别是在产量较大时可缓解脱洗烘干压力。

从销售时间来讲，由于市场需求，商贩也在进行收储鲜核桃，租用冷库，较长时间的销售。一般保存好的可销售 2 个月。

2. 干果销售

干果销售市场主要在国内。大公司或大户均有电商销售，一些店铺的干果销售，品种不纯，有些核桃空瘪，有些仁色较深。新疆的核桃都是机械脱皮，外观漂亮，果个也大，价格在 30 元/千克左右。内地的核桃果个儿较小，处理不够漂亮，价格在 22~30 元/千克。实生核桃 8~10 元/千克。

3. 核桃仁销售

核桃仁销售主要是中间商。收购商集中收购核桃，组织人工敲砸，然后销售或送往加工厂，或送往超市。目前我国出口很少。

第八章

核桃整形修剪技术

一、修剪管理现状与发展趋势

（一）修剪现状

我国核桃树栽培历史悠久，据文字记载有两千多年，在古代不行修剪。1949 年前后，我国林农科技工作者总结长期栽培经验，在白露期间结合采收进行修剪。近年来，国家重视核桃园管理，但由于缺乏修剪技术管理不善。

（二）发展趋势

美国等核桃生产先进的国家，每年都进行机械化修剪，而且他们的栽植密度较小，也不间作。我国的核桃园大都实行矮化密植栽培，品种混杂，密度较大。今后核桃产业的发展趋势就是品种栽培良种化，有害生物控制无害化，管理园艺 + 机械化，实现经济效益最大化。

二、核桃树生长结果习性

（一）生长特性

核桃树为高大乔木。自然生长条件下，高度可达 15~20 米；栽培条件下高 4~6 米，冠径 5~8 米；矮化密植时高度可以控制在 4 米以下，冠径可控制在 3~4 米以内。一般寿命为 80~120 年，经济寿命为 60~100 年。西藏加查县核桃树的寿命已达千年以上。

幼树的树冠多窄而直立，结果后逐渐开张，所以幼树的树高大

于冠径，结果大树的树冠直径大于树高。但树冠的大小和开张角度也因品种而有所差别。如‘中林1号’‘香玲’树冠就大，‘辽宁1号’‘晋丰’就较小。‘京861’‘晋香’‘晋龙2号’的树冠较开张，而‘西扶1号’‘晋龙1号’和‘清香’就较直立。

1. 枝条

枝条是构成树冠的主要组成部分，其上着生叶芽、花芽、花、叶和果实。枝条也是体内水分和养分输送的渠道，是进行物质转化的场所，也是养分的贮藏器官。核桃树的枝条生长有以下特点。

(1)干性　晚实核桃大都容易形成中心干，生长旺盛，所以在整形时大都培养为主干型树形。早实核桃由于结果早，干性较弱，所以开心形树形较多。尤其是采用中、小苗木建园，常常不好选留中心干。要想培养主干型树形，必须采用1.5米以上的大苗(图8-1)。

(2)顶端优势　又叫极性。位于顶端的枝条生长势最强，顶端以下的枝条向下依次减弱，这种顶端优势还因枝条着生的角度和位置的不同，有较大的差异。一般直立枝条的顶端优势很强，斜生的枝

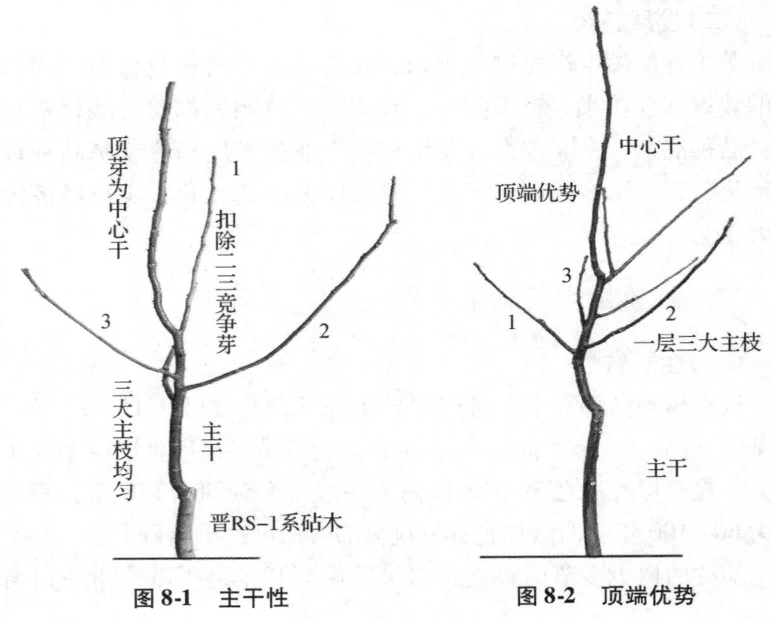

图8-1　主干性　　图8-2　顶端优势

条顶端优势稍弱，水平枝条更弱，下垂的枝条顶端 优势最弱。此外，枝条的顶端优势还受原来枝条和芽的质量的影响。好的枝芽顶端优势强，坏的枝芽顶端优势弱(图 8-2)。

(3)成层性　由于核桃树的生长有顶端优势的特点，所以 1 年生枝条的顶端，每年发生长枝，中部发生短枝，下部不发生枝条，芽多潜伏。如此每年重复，使树冠内各发育枝发生的枝条，成层分布。

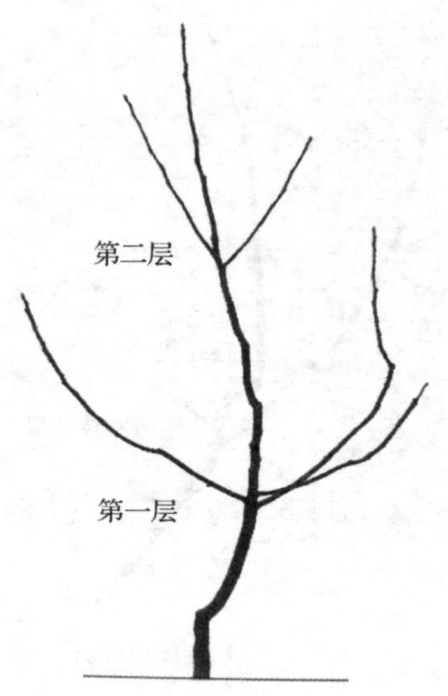

图 8-3　枝条的成层性

核桃树枝条生长的成层性因品种而有不同，生长势较强的品种层性明显，在整形中容易利用，有些品种生长势较弱，层性表现不明显，整形时需加控制和利用(图 8-3)。

(4)发枝力　核桃树萌芽后形成长枝的能力叫成枝力，各品种之间有很大差异。如'中林 1 号''中林 3 号''西扶 1 号'的发枝力较强，枝条短剪后能萌发较多的长新梢；有的品种发枝力中等，1 年生枝短剪后能萌发适量的长新梢，如'鲁光''礼品 2 号'等；有的品种发枝力较弱，枝条短剪后，只能萌发少量长新梢，如'辽宁 1 号''中林 5 号''晋香'等(图 8-4)。

核桃树整形修剪时，发枝力强的品种，延长枝要适当长留，树冠内部可多疏剪，少短剪，否则容易使树冠内部郁闭。对枝组培养应"先放后缩"，否则不易形成短枝。对发枝力弱的品种，应"先缩后放"。

发枝力通常随着年龄、栽培条件而有明显的变化。一般幼树发枝力强，随着年龄增长逐步减弱。

(5)分枝角度　分枝角度对树冠扩大、提早结果有重要影响。一

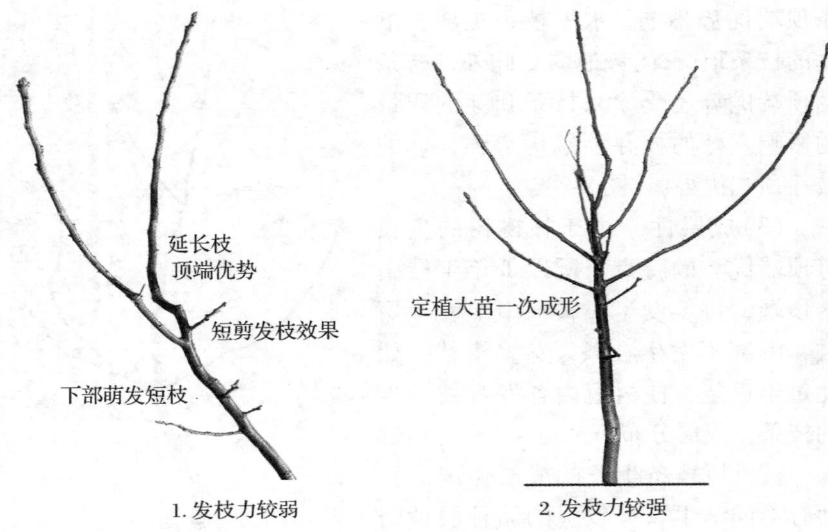

图 8-4　发枝力类型

般分枝角度大，有利树冠扩大和提早结果。分枝角度小，不利于树冠扩大并延迟结果。品种不同差别较大(图 8-5)。放任树几乎没有理想的角度，所以丰产性差。

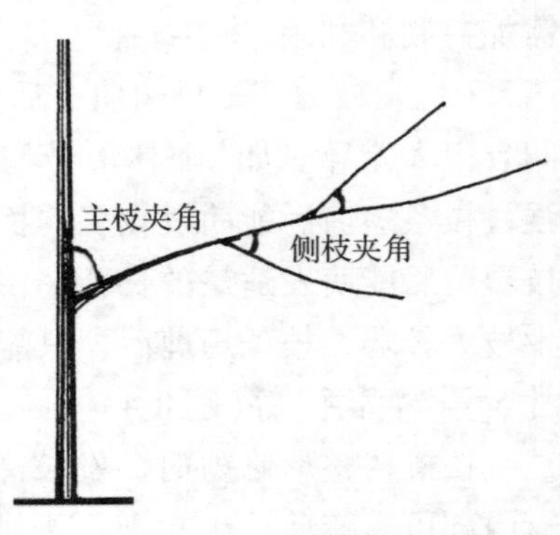

图 8-5　分枝角度

分枝角度大的品种树冠比较开张，容易整形修剪，分枝角度小的品种，枝多直立，树冠不易开张，整形修剪比较困难，从小树开始就得严加控制。

(6)枝条的硬度　枝条的硬度与开张角度密切相关，枝条较软，开张角度容易，枝条较硬，开张角度比较困难。如‘西扶 1 号’‘中林 1 号’就较硬；‘京 861’‘晋龙 2 号’就较软。对枝条较硬的品种要及时注意主枝角度的开张，由于枝硬，大量结果后主枝角度不会有大的变化，需要从小严格培养。枝

条较软的品种，主枝角度不宜过大，由于枝软，大量结果后，主枝角度还会增大，甚至使主枝下垂而削弱树势。

（7）枝类　核桃树冠内的枝条大致可分为以下三类。

①短枝。枝长 5~15 厘米。停止生长较早，养分消耗较少，积累较早，主要用于本身和其上顶芽的发育，容易使顶芽形成花芽。

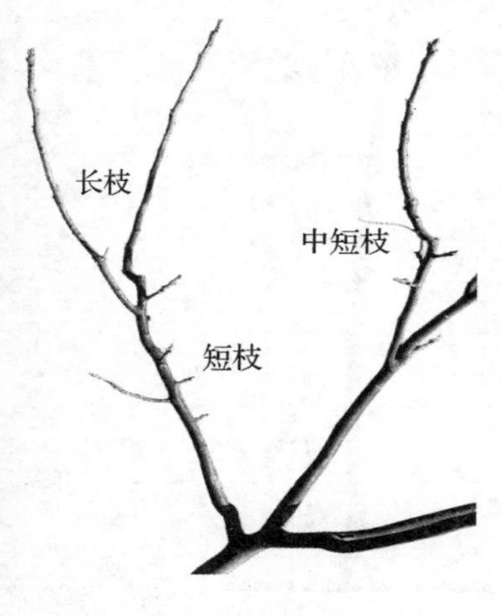

图 8-6　枝条的类型

②中枝。枝长 15~30 厘米。停止生长也较早，养分积累较多，主要供本身及其他芽发育，也容易形成花芽。

③枝。枝长 30 厘米以上。停止生长较迟，前期主要消耗养分，后期积累养分，对贮藏养分有良好作用，但停止太晚，对贮藏营养不利（图 8-6）。

2. 芽

核桃树的芽是产生枝叶营养器官、决定树体结构、培养结果枝组的重要器官。

（1）异质性　早春形成的芽，在 1 年生枝的基部，因春季气温还低，树体内营养物质较少，所以芽的发育不良，夏季形成的芽，在 1 年生枝春梢的中、上部，当时气温高，树体内养分较多，所以芽的发育好，为饱满芽。伏天过后，气温适宜核桃树的生长，秋季雨水也较多，生长逐渐加快，形成了秋梢。在秋梢的中部芽子饱满，秋梢后期的质量不好，木质化程度差，摘心可提高木质化（图 8-7）。

不同质量的芽发育成的枝条差别很大，质量好的芽，抽生的枝条健壮，叶片大，制造养分多。芽的质量差，抽生枝条短小，不能形成长枝。

整形修剪时，可利用芽的异质性来调节树冠的枝类和树势，使其提早结果。骨干枝的延长头剪口一般留饱满芽，以保证树冠的扩

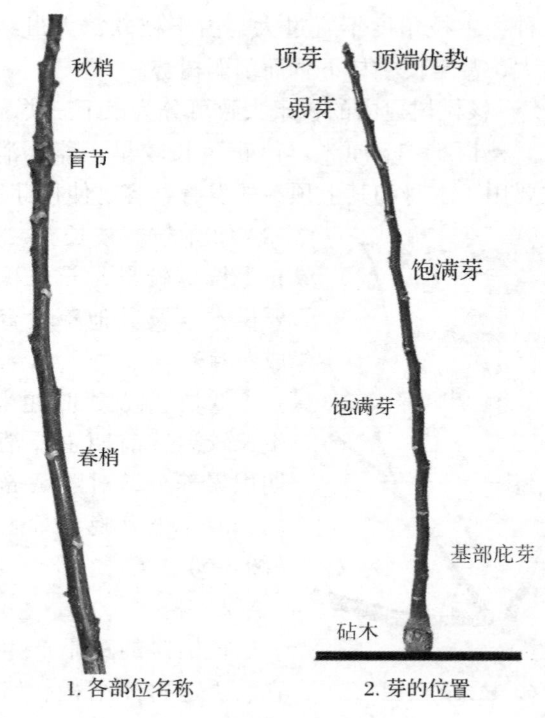

1. 各部位名称　　2. 芽的位置

图 8-7　芽的异质性

大。培养枝组时，剪口多留春、秋梢基部的弱芽，以控制生长，促进形成短枝，形成花芽。

(2)成熟度　早实核桃品种芽的成熟度早，当年可形成花芽，甚至可以形成二次花、三次花。晚实品种的芽大多为晚熟性的，当年新梢上的芽一般不易形成花芽，甚至 2~3 年都不易形成花芽。但不同品种之间也有差异。

(3)萌芽力　核桃树的萌芽力差异很大，早实核桃的萌芽力很强，如'京 861''中林 1 号''辽宁 1 号'，萌芽力可达 80%~100%；晚实核桃的萌芽力较差，一般为 10%~30%(图 8-8)。

萌芽力强、发枝力强和中等的品种，应掌握延长枝适当长留、多疏少截、先放后缩的原则。萌芽力强、发枝力弱的品种，应掌握

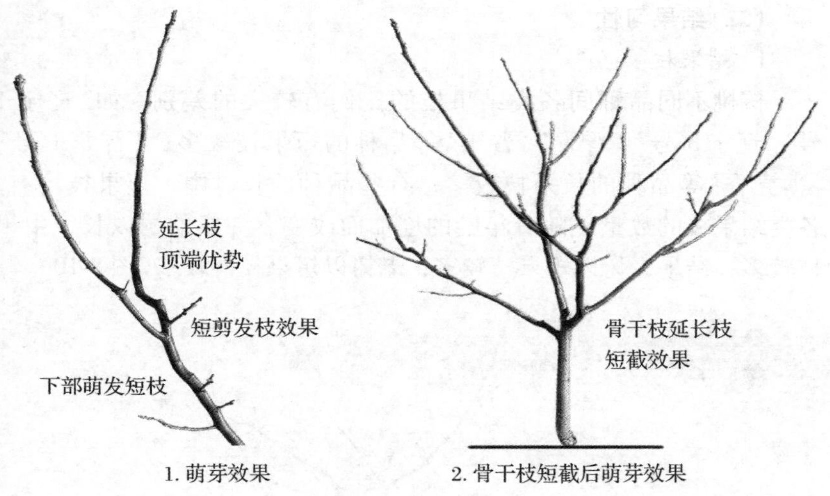

图 8-8 萌芽力

延长枝不宜长留、少疏多截、先缩后放的原则。

3. 叶幕

核桃树随着树龄的增加，树体不断扩大，叶幕逐渐加厚，形成叶幕层。但是树冠内部的光照随着叶幕的加厚而急剧下降，树冠顶部受光量可达 100%，树冠由外向内 1 米处受光量为 90% 左右，2 米处受光量为 70% 左右，3 米处受光量为 40%，4 米处为 20% 左右，大树冠中心的受光量仅为 5%~6%。一般叶幕厚度超过 3~4 米时，平均光照仅为 25% 左右。一般树冠的光照强度在 40% 以下时，所生产的果树品质不良，30% 以下时树体便失去结果的能力(图 8-9)。

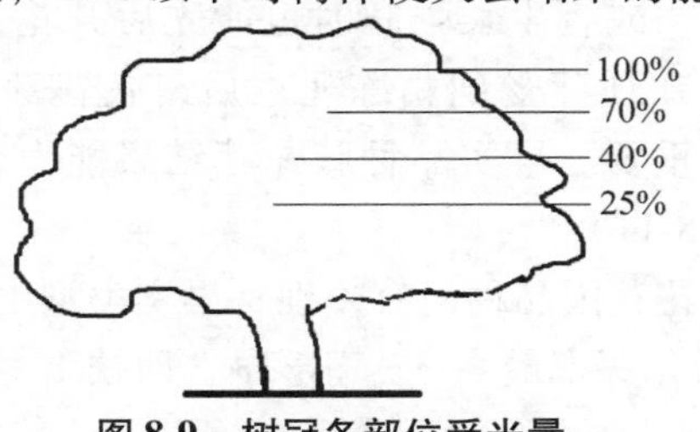

图 8-9 树冠各部位受光量

(二)结果习性

1. 结果枝

核桃不同品种间各类结果枝的比例有较大的差别。如‘辽宁1号’‘辽宁3号’‘晋香’‘晋丰’等品种的短果枝较多；‘晋龙1号’‘薄壳香’等品种的长果枝较多；有些品种的长、中、短果枝均有。各类结果枝的数量还随着年龄的增加而改变。一般幼树以长、中果枝较多；结果大树以短果枝较多；老树以短果枝群较多(图8-10)。

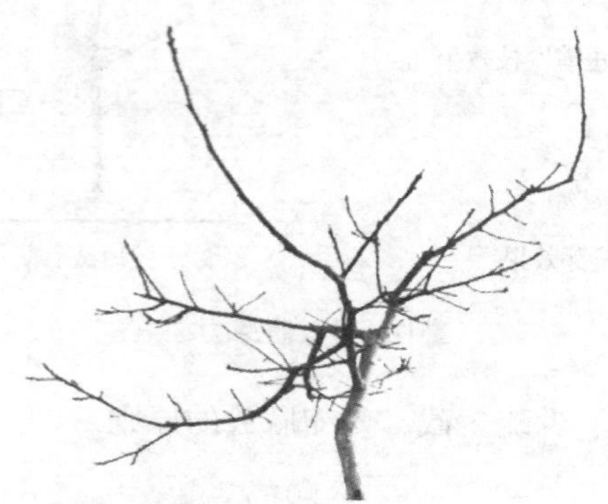

图8-10　结果枝类型

2. 花芽

核桃树的花芽根据着生部位，可分为顶花芽和腋花芽两类。顶花芽为混合芽，着生在结果枝的顶端，顶花芽结果能力较强，特别是晚实品种，顶花芽结果的比例占70%以上。顶花芽分化、形成较早，呈圆形或钝圆锥形，较大。腋花芽着生在中长果枝或新梢的叶腋间，较顶花芽小，但比叶芽肥大。早实品种的副芽也能形成花芽，在主芽受到刺激，或者生长强旺时也能先后开花，甚至结果。腋花芽抗寒性较强，在顶芽受到霜冻死亡后，腋花芽能正常开花结果，所以腋花芽非常重要。早实品种腋花芽结果能力较强，可占总花量的80%以上(图8-11)。

核桃树的腋花芽因品种而有差别，早实类型中‘中林1号’‘辽宁1号’‘京861’腋花芽率最高；‘薄壳香’‘西扶1号’较低；晚实类型的品种最低。

3. 开花

核桃树的花为雌雄同株异花，异序(偶尔有同序、同花)，为单性花。雄花通常着生在2年生枝条的中下部，花序平均长度为10厘米左右，最长可达30厘米以上。每花序有小花100~180朵，其长度不与雄花数成正比，而与花朵大小成正比。基部雄花最大，雄蕊也多，愈向先端愈小，雄蕊也渐少。雌花芽萌芽后，先伸出幼叶，以后形成5~10厘米长的结果新梢(结果后形成果台，有些还能形成1~2个果台副梢)，顶端着生总状花序，着生方式有单生，花序上只有1朵花；2~3朵小花簇生或4~6朵小花簇生(图8-12)。

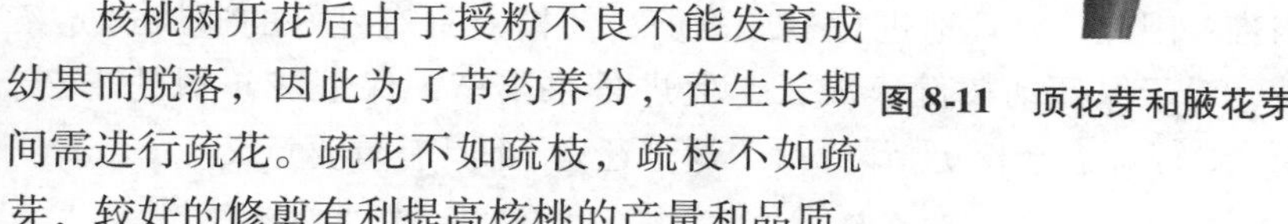

图8-11 顶花芽和腋花芽

核桃树开花后由于授粉不良不能发育成幼果而脱落，因此为了节约养分，在生长期间需进行疏花。疏花不如疏枝，疏枝不如疏芽，较好的修剪有利提高核桃的产量和品质。

核桃树在开花结果的同时，结果新梢上的顶芽当年萌芽形成果台副梢。如果营养条件较好，副梢顶芽可形成花芽，早实核桃品种还可形成腋花芽，翌年可以连续结果。树势较旺，氮肥较多，果台副梢可形成强旺的发育枝。养分不足，果台副梢形成短弱枝，第二年生长一段时间后才能形成花芽(图8-13)。

图8-12 结果新梢

4. 结果

核桃幼果在发育期间由于养分不足，会发生生理落果。落果的程度因品种而有差别。‘西林3号’‘辽宁1号’落果较重。夏季修剪时，需要进行疏花疏果，以调节营养，提高坐果率，控制大小年。及时灌水施肥可减少落花落果，并可提高产量和品质。

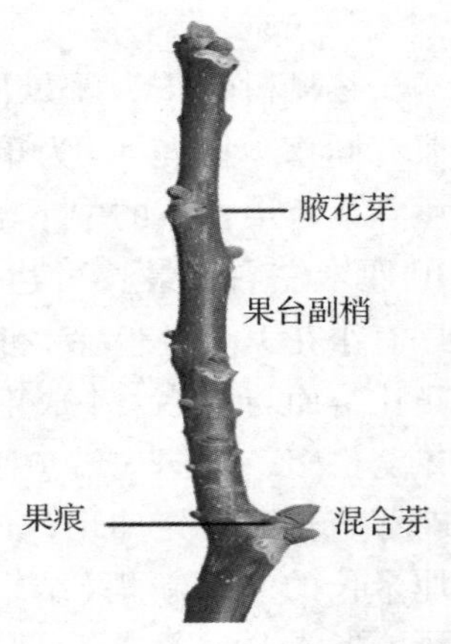

图 8-13 果台及果台副梢

三、核桃树的整形修剪

核桃树不修剪，也可以结果，但结果少，果实小，枯枝多，寿命短。在幼树阶段，如果不修剪，任其自由发展，则不易形成良好的丰产树形结构。在盛果期不修剪，会出现内膛遮阴，枝条枯死，因通风透光不良结果部位全部外移，形成表面结果(图 8-14)，达不到立体结果(图 8-15)的效果，而且果实越来越小，小枝干枯严重，病虫害多，更新复壮困难。因此，合理地进行整形修剪，使树冠具有良好的通风透光条件，对于保证幼树健康成长，促进早果丰产，保证成年树的丰产、稳产，保证衰老树更新复壮、“返老还童”都具有重要意义。

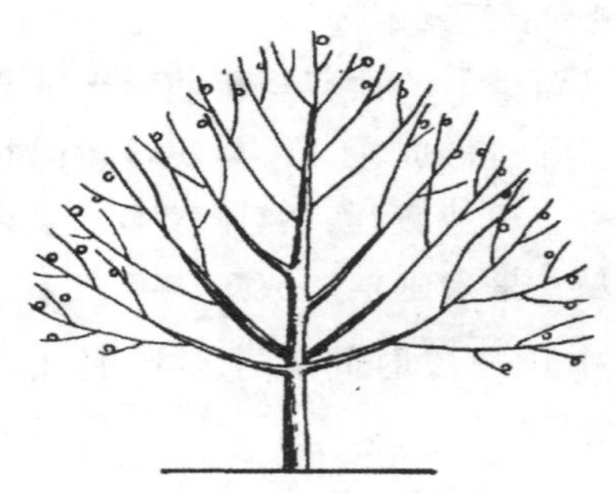
图 8-14 核桃树表面结果

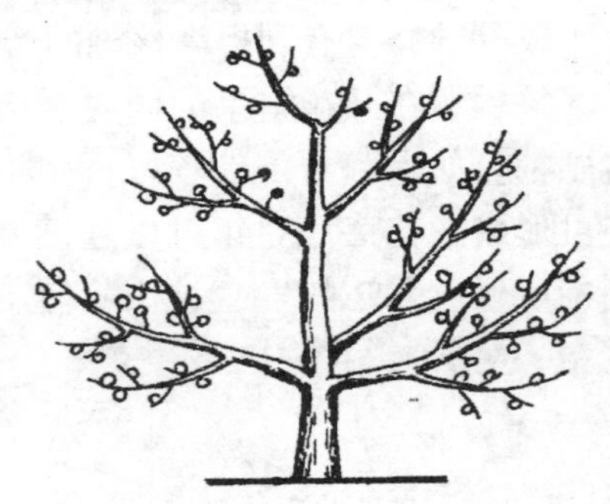
图 8-15 核桃树立体结果

(一)修剪的时期与方法

1. 修剪的时期

核桃树修剪一般在采收后进行，即从核桃树采收后到落叶前。据河北农业大学研究，冬季修剪虽会产生伤流，但伤流的成分几乎

全是水分和极少量矿物质，不会对树体影响太大。老树伤流轻，甚至没有伤流，冬季可利用农闲时间进行修剪。

核桃树幼树期间长势很旺，结果很少，需在夏季适当进行拉枝开角、去直立枝或改变方向、去方向朝南挡光最厉害的大枝等。萌芽期间可通过抹芽定枝、短剪、捺枝等方法培养各种树形以形成合理的树形结构和叶幕层。

2. 树形及其结构

(1)疏层形

适于一般密植的核桃园。疏散分层形应该是最高产的核桃树形(图 8-16)。这种树形的主要优点是：树体高大强健，枝多而不乱，内膛光照好，寿命长、产量高。这种树形几乎没有缺点。

疏散分层形多用于生长条件较好、经营管理技术较高的密植园及四旁地。

结构： 疏散分层形的结构分两层，第一层由三大主枝组成，第二层由相互错列的两大主枝组成，层间距为 1.5～2 米。每一个主枝上着生 4 个左右的侧枝，相互错列配置，第一侧枝距中心干 60 厘米左右，第二侧枝距第一侧枝 30～40 厘米，第三侧枝距第二侧枝 50 厘米左右，第四侧枝距第三侧枝 30 厘米左右。每个主枝和侧枝都应该有个延长头，以保证结构的完整性。三大主枝的第一侧枝尽量选留在同一侧，以便合理占据空间。到盛果期各个侧枝已经成为大型结果枝组，即每个主枝拥有 5 个大型枝组，包括延长头。中心干的头在影响光照之前，即进入盛果期前可以保留，以增加前期的产量，影响光照时及时去掉，保留两层五大主枝。

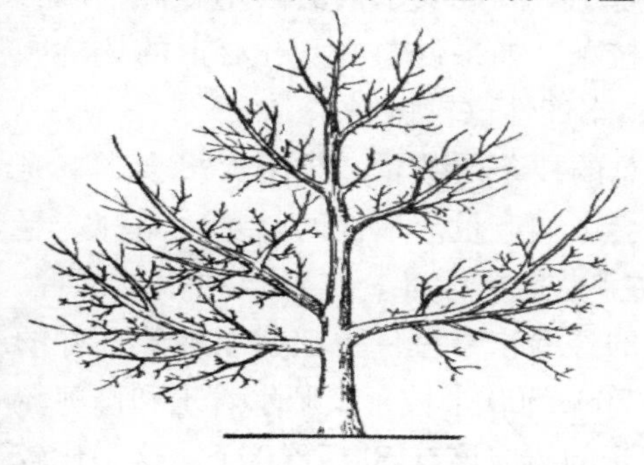

图 8-16　疏层形树形

枝量： 核桃园要获得高产、优质、高效的栽培效果，需要有一定的枝量。枝量过多会影响光照(光合作用)，降低光合效率。枝量过少会浪费光量，因缺少叶片，不能产生光合产物，最终影响产量。合适的枝量是一个修剪能手靠长期的果园管理掌握的。

(2)开心形

早实核桃密植园多采用自然开心形(图 8-17)。这种树形的主要优点是：树冠成形快，结果早，通风透光条件好。这种树形的缺点是：对修剪要求高，要求每年都要修剪以维持树形，否则通风透光条件会急速恶化。

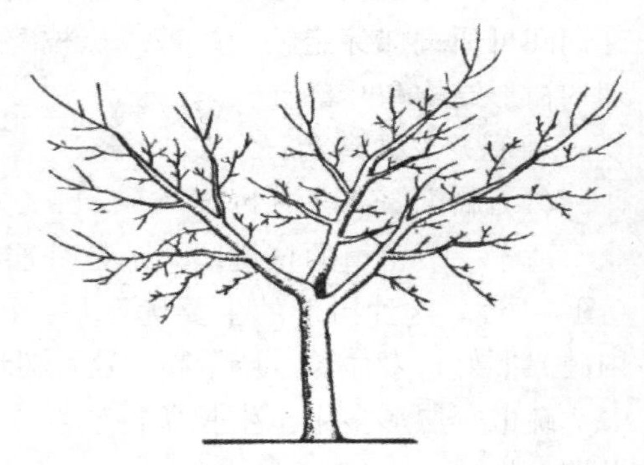

图 8-17　开心形树形

自然开心形多用于瘠薄土壤，以及经营管理技术高的早实核桃密植园。

结构：开心形树形由三大主枝组成。在主干上直接着生三大主枝，开始也可暂时留中心干，待影响光照时落头。三大主枝及侧枝的培养同疏层形。不同点是由于总的大枝数减少，枝条的总量减少，单株产量较疏层形低。同时开心形由于中心没有干，光照虽好，但易产生向上直立的枝条，形成紊乱。因此要求修剪技术较高，修剪要勤快，及时去除影响光照的枝条。如果修剪好，开心形的核桃园产量由于单位面积的株数较多，丰产性也较强。

枝量：枝量是指一棵树上总的枝条的数量。枝条太多会影响光合作用，枝条少果枝就少，又会影响产量。最佳的枝量是品种产量最好时的数量。这也是理论数字，是个标准。实践当中很难掌握，要靠长期从事修剪和栽培活动的经验来掌握。一般初果期管理好的早实核桃树(5~6 年生)应该有 200~300 个枝条，肥水管理和修剪较差的就 100~200 个；10~15 年生的树应该有 600~800 个。这是比较丰产树形的枝量指标，维持较长时间的这个指标将会获得较高的栽

图 8-18 结果枝组

培收益。

3. 结果枝组

核桃树结果枝组是核桃树体结构的重要组成部分。它可以着生在中心干上，也可着生在主、侧枝上。由于大大小小的各类枝组着生在各级骨干枝上，因而形成了丰满的树形，它是核桃树丰产的基础。科学栽培应从理论上弄清楚它们的位置、类型、结果能力和结果枝的演变过程(图 8-18)。

(1)小型枝组

小型结果枝组由 5 个以下的新梢组成(秋冬态)，母枝为多年生，独立着生在中心干、主枝或侧枝上，占据较小的空间，可生产较少的坚果。如果用产量来衡量的话，一个小型结果枝组的产量在 0.2 千克以下。

(2)中型枝组

中型结果枝组由 5~15 个新梢组成(秋冬态)，母枝为多年生，独立着生在中心干、主枝或侧枝上，占据一定的空间，可生产 0.5 千克左右的坚果，是重要的结果部位。每个主枝上有 1~2 个中型结果枝组。

(3)大型枝组

大型结果枝组由 15~20 个以上的新梢组成(秋冬态)，母枝为多年生，个别当作辅养枝着生在主枝或中心干上，多数着生在主、侧枝上，是重要结果部位。每个侧枝上有 1~2 个大型结果枝组。一个大型枝组可结果 1 千克左右。一个侧枝也可以说是一个更大的结果枝组，可结果 1~1.5 千克。

4. 整形修剪的基本方法

(1)秋冬修剪

核桃树一般在采收后 2~3 周开始修剪，老树也可在冬季修剪

（基本没有伤流）。通常有以下几种方法。

①疏剪　把枝条从基部剪除，由于疏剪去除了部分枝条，改善了光照，相对增加了营养分配，有利于留下枝条的生长及组织成熟（图8-19）。

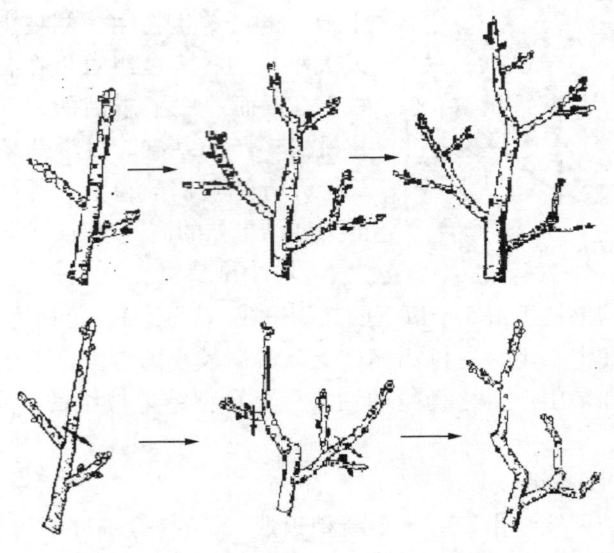

图8-19　疏剪的作用（上图为未疏剪，下图为疏剪）

疏除的对象主要是干枯枝、病虫枝、交叉枝、重叠枝及过密枝等（图8-20）。

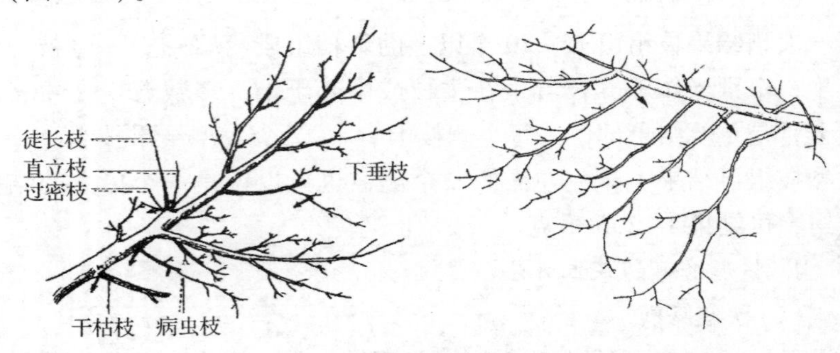

图8-20　疏剪的对象

②短剪　把一个枝条剪短叫短剪，或者叫短截、剪截。短剪作用是促进分枝和新梢生长(图8-21)。通过短截，改变了剪口芽的顶端优势，剪口芽部位新梢生长旺盛，能促进分枝，提高成枝力，是幼树阶段培养树形的主要方法。

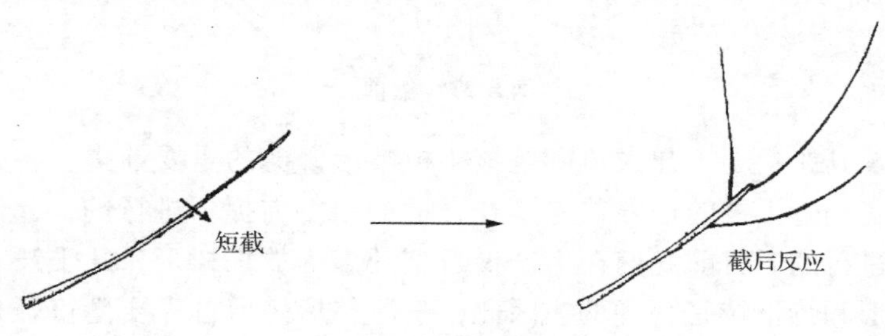

图8-21　短剪

③长放　即对枝条不进行任何剪截，也叫缓放。通过缓放，使枝条生长势缓和，停止生长早，有利于营养积累和花芽分化，同时可促发短枝(图8-22)。

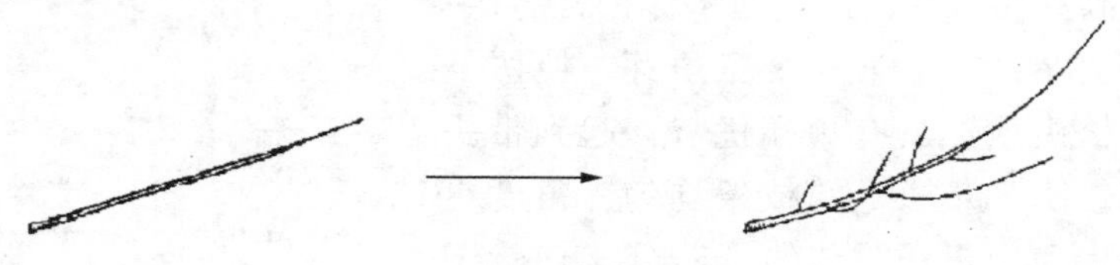

图8-22　长放

通过撑、拉、拽等方法加大枝条角度，缓和生长势，是幼树整形期间调节各主枝生长势和培养结果枝组的常用方法。旺树枝条强壮，可以“先放后缩”，弱树可以“先缩后放”。

④缩剪　多年生枝条回缩修剪到健壮或角度合适的分枝处，将以上枝条全部剪去的方法叫缩剪，也叫回缩或压缩(图8-23)。回缩是衰弱枝组复壮和衰老植株更新修剪必用的技术。尤其是早实核桃和衰老的晚实核桃树，经过若干年结果后往往老化衰弱，利用回缩可以使它们更新复壮或“返老还童”。回缩的主要作用是解决生长结果的矛盾，使其更可持续地进行生产。

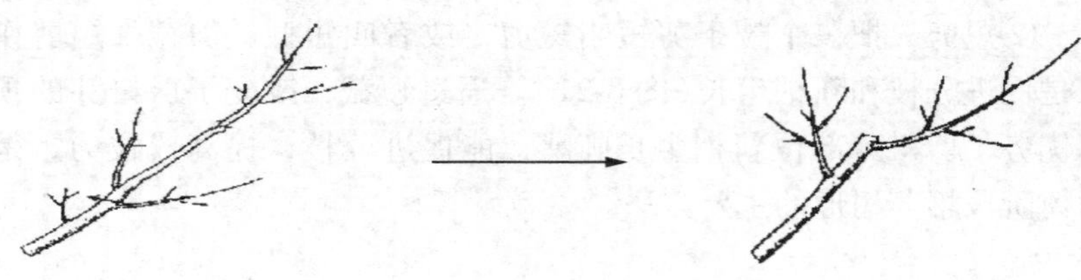

图 8-23　缩剪

⑤开张角度　开张角度是核桃树整形修剪的重要前提，各类树形、各类骨干枝的培养首先是在合适的角度前提下进行的，起码是同步进行的。目前我们在生产上看到的多为放任树形，几乎没有一个树形和骨干枝是合理的。因此，学习整形修剪首先要懂得开角的必要性和重要性。正确地开张好骨干枝角度是培养好树形的前提和基础，可以事半功倍，提高效率。以下几种方法是最常见的，有些是新理念。

抠除竞争芽：强旺中心干或主枝在选留延长头时，首先选择一个饱满芽作顶芽，留 2 厘米保护桩剪截。然后抠除第二、第三个竞争芽，使留下的延长头顶芽具有顶端优势，起到带头作用，使下部抽生的枝条均匀，角度更加开张和理想，既节约了养分又使骨干枝更加牢固，同时减少了伤口（图 8-24）。这个新的开角方法是从多年试验中获得的，是一种重要的创新，其作用与影响重大而深远。

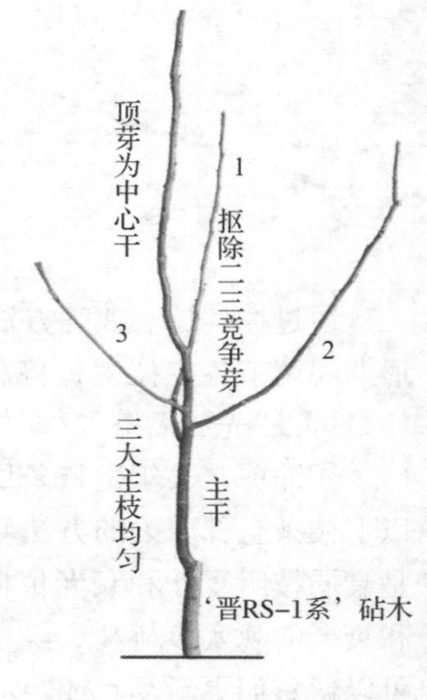

图 8-24　抠除竞争芽

顶芽留外芽作延长头：主枝延长头留外芽可有效利用核桃树背后枝（芽）强的习性，培养主枝，延长头连续留外芽可培养出理想的主枝角度，即 75 ~ 80 度。如果延长头大于 80 度要及时抬高梢角，使之保持旺盛的生长势（图 8-25）。

对水果树来讲，常用里芽外蹬的方法培养骨干枝，核桃则有它的特殊性。

图 8-25 延长枝留外芽

延长枝里芽外蹬： 生长势较强的品种培养主枝时，延长头可采用里芽外蹬的方法开张角度。抠除竞争芽可开张角度，里芽外蹬加上抠除竞争芽，可迅速开张角度，待延长枝角度合适时，剪除先端的里芽枝，即背上枝(图 8-26)。

捺枝： 对于树冠内除骨干枝以外的各类角度不合适的枝条进行捺枝，使之达到需要开张的角度。一般捺枝后，由于改变了极性生长的特性，或者说降低了顶端优势，起到了长放的作用，从而形成了结果枝组。捺枝的角度可达到 100 度以上(图 8-27)。

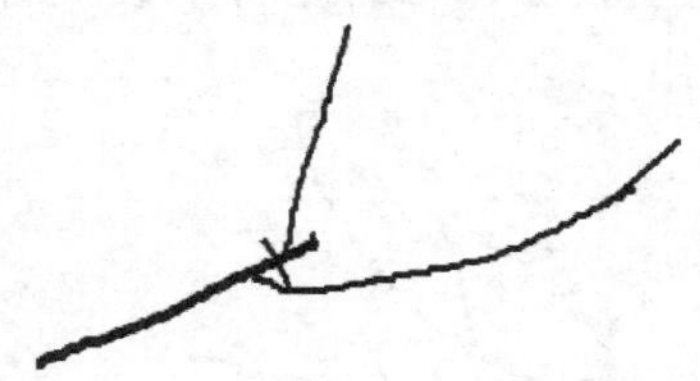
图 8-26 延长枝里芽外蹬

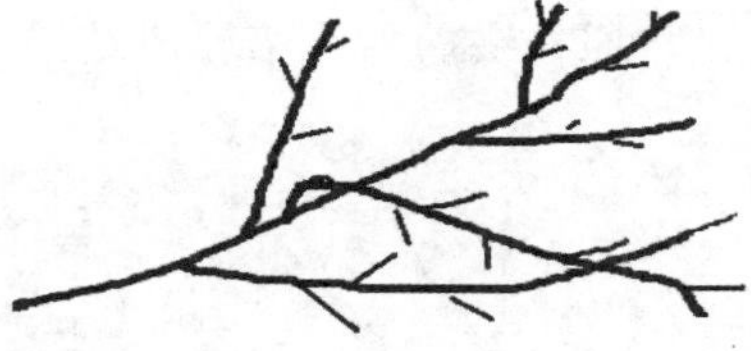
图 8-27 捺枝

撑、拉、吊枝： 对于相对直立的骨干枝或者大型结果枝组开张角度，可以采用撑、拉、吊的方法达到目的。方法不同使用时间也有所不同，适用条件也不同，以最方便、最省力、效果最佳为目的。一般在生长季节开张角度省力、效果佳。可撑、可拉、可吊。撑一般对 2~4 年生的枝条最合适，既省力，又易达到效果；拉较费工，需要在地面固定木桩，有时影响间作物管理。拉枝要选择好着力点，必要时可在背后锯 1/3，这样开张角度既方便省力，角度也理想；吊可对 2~3 年生枝条使用，效果较好。采用市场上买菜用的塑料袋即可，选择好合适的位置，装土后将土袋挂在树上即可，这种方法可大力推广，省工、省力、省料，发现问题好解决。苹果树上使用最多，核桃树上照样可以推广(图 8-28)。

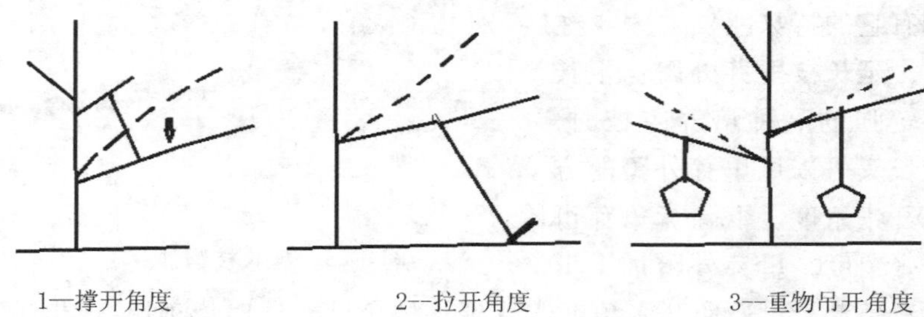

图 8-28　撑拉吊开角法

背后枝处理：背后枝多着生在骨干枝先端背下，春季萌发早，生长旺盛，竞争力强，容易使原枝头变弱而形成“倒拉”现象，甚至造成原枝头枯死(图 8-29)。处理的方法一般是在萌芽后或枝条伸长初期剪除。如果原母枝变弱或分枝角度较小，可利用背下枝代替原枝头，将原枝头剪除或培养成结果枝组。

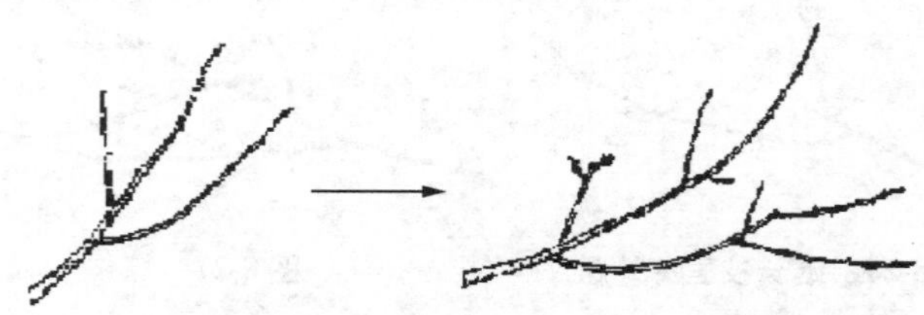

图 8-29　背后枝的处理

徒长枝处理：徒长枝多是由于隐芽受刺激而萌发的直立的不充实的枝条。一般着生在树冠内膛中心干上或主枝上，应当及时疏除，以免干扰树形结构。处理方法：如果周围枝条少，空间大，则可以通过夏季摘心或短截和春季短截等方法，

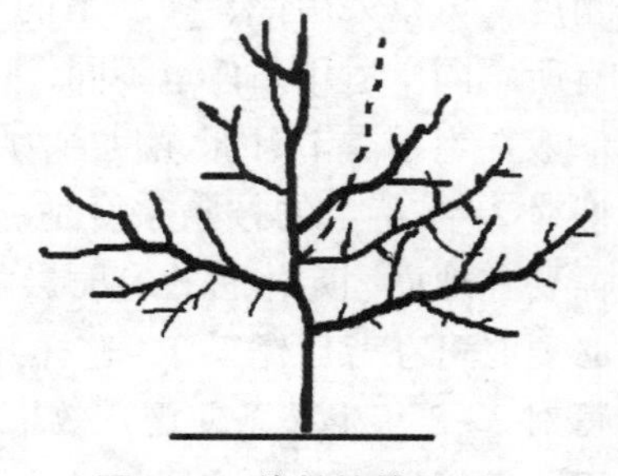

图 8-30　徒长枝的处理

将其培养成结果枝组，以充实树冠空间，增加或更新衰弱的结果枝组。如果枝条较多，不需要保留就尽快疏除。老树则可以根据需要培养成骨干枝，即主枝或者侧枝，也可以是大型结果枝组(图 8-30)。

二次枝处理：早实核桃结果后容易长出二次枝(图 8-31)。控制方法主要有：在骨干枝上，结果枝结果后抽生出来的二次枝选留一个角度合适的作为延长头，其余全部及早疏除。因为多余的枝条会干扰树形结构，影响延长枝的生长；在结果枝组上形成的二次枝，抽生 3 个以上的二次枝，可在早期选留 1~2 个健壮的角度合适的枝，其余全部疏除。也可在夏季，对于选留的二次枝，进行摘心，以控制生长，促进分枝增粗，健壮发育，或者在冬季进行短截。

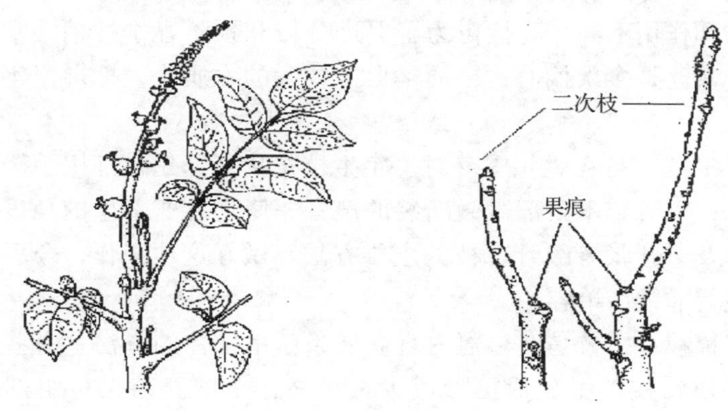

图 8-31 早实核桃树二次枝的发育

(2)夏季修剪

也叫生长期修剪，简称夏剪。从 3 月下旬萌芽到 9 月采收以前进行，通常采用以下几种方法。

①抹芽定枝 萌芽后抹除多余或者无用的芽，根据方位选择确定需要的芽留下，将来可形成各级骨干枝或结果枝组的带头枝，其余枝芽全部抹掉，以绝后患。

抹芽定枝主要针对骨干枝延长头和结果枝带头枝，由于所处的位置不同，往往极性强，顶端优势旺盛，萌发的芽和形成的枝较多。

及早处理可以节约养分，使保留下来的带头枝生长更旺盛，免造伤口。

②疏枝　就是疏除过多枝条。在夏季5~7月大量的枝条萌发，除各级骨干枝和各类结果枝组的延长头之外，还萌生了大量的新枝，有些枝条弥补了可以利用的空间，可形成永久的结果枝组，多余枝条全部疏除。

③摘心　是在生长季节进行的，例如春季4~5月的摘心可培养结果枝组，秋冬季节对旺长枝条的摘心，可以抑制新梢生长，充实枝条。摘心的作用是促进新梢当年形成分枝，对翌年的产量起关键的作用。摘心可在各级骨干枝上进行，也可在各类结果枝上进行，但目的和作用不同。高接树为了促进分枝和预防春季抽梢常常在秋季摘心甚至是多次摘心，目的是促进枝条的木质化，抵御翌年春季的抽梢。

④拿枝　是在生长季节对1年生枝条从基部到梢部用手轻轻向下揉拿，以听到木质部微微断裂的声音，使之改变着生的角度。这是夏季及早开张各级骨干枝的主要方法。做好这项工作，今后的修剪将显得非常简单容易。

⑤捺枝　捺枝是对树冠内直立枝条压平别住的方法。有些位置合适的强壮枝条甩放后可形成大量短枝，是培养结果枝组的主要方法。

四、早实核桃树的整形修剪

(一)整形

早实核桃品种由于侧花芽结果能力强，侧芽萌芽率高，成枝率低，常采用无主干的自然开心形，但在稀植条件下也可以培养成具主干的疏散分层形或自然圆头形。

1. 自然开心形(无主干形)

(1)定干　树干的高低与树高、栽培管理方式以及间作等关系密切，应根据该核桃的品种特点、栽培条件及方式等因地因树而定。

早实核桃由于结果早，树体较小，干高可矮小，拟进行短期间作的核桃园，干高可留 0.8～1.2 米，密植丰产园干高可定为0.6～1 米(图 8-32)。

图 8-32 定干部位

早实核桃品种在春季定植的当年，在 1 年生苗木的中间部位(即饱满芽部位)进行剪截(定干)。若采用苗木较小，未达定干高度，可在基部接口上方留 2～3 个芽截干，下一年达到高度时再进行定干。长期以来我国核桃嫁接苗的高度和粗度较小，不能形成很好的树形。现在，我国核桃的苗木已经发生根本性的改变，孝义碧山核桃科技有限公司 2014 年首次使用 2011 年通过山西省林木良种审定委员会审定的优良砧木品种‘晋 RS－1’系育苗，开创了我国核桃地上地下良种化的新篇章。

2014 年嫁接苗的高度达到 1.5～2 米以上，并有较大的数量。采用大苗定植后，定干的高度要大于干高 20 厘米，作为整形带，如果定干高，还可以扣除顶芽以下的 2～3 个竞争芽，也叫做高定低留。这样有利于层间距的拉大，第一层三大主枝的平衡和合适的基角。

(2)培养树形

第一步：在定干高度以下留出 3～5 个饱满芽的整形带。在整形带内，按不同方位选留主枝。大苗主枝可一次选留，小苗可分两次选定。选留各主枝的水平距离应一致或相近，并保持每个主枝的长势均衡和与中心干的角度适宜，一般为 75°～80°，主枝角度早开有利丰产而无后患(图 8-33)。

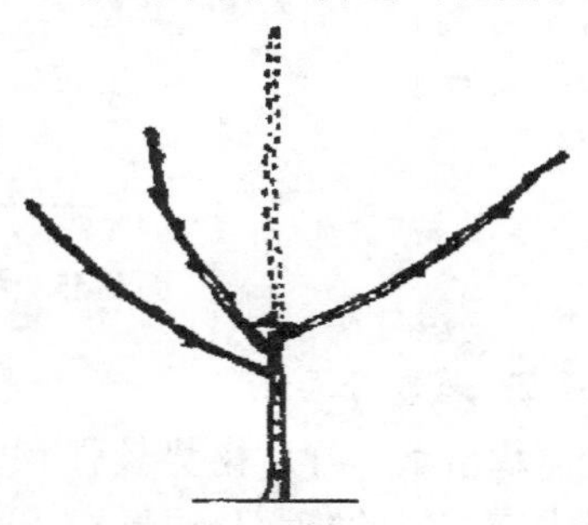

图 8-33 开心形树形三大主枝的选留

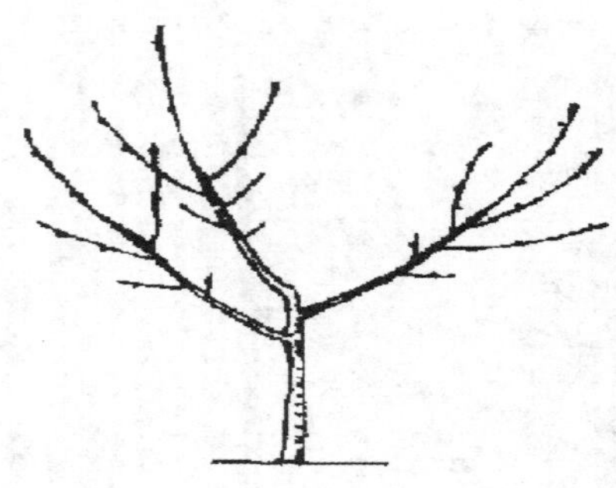

图 8-34　核桃树自然开心形主枝和侧枝

第二步： 2~3 年生时，各主枝已经确定，开始选留第一层侧枝。由于开心形树形主枝少，侧枝应适当多留，即每个主枝应留侧枝 4 个以上。各主枝上的侧枝要左右错落，均匀分布(图 8-34)。第一侧枝距主干的距离为 0.6 米左右。侧枝与主枝的角度为 45°，位置要略低于主枝，有利形成明细的层性和利用光能。

第三步： 4~5 年生时，开始在第三大主枝上选留第二、第三和第四侧枝；各主枝的第二侧枝与第一侧枝的距离是 30 厘米左右，第三与第二侧枝的距离是 40 厘米左右，第四与第三侧枝的距离为 30 厘米。至此，开心形树形的树冠骨架基本形成(图 8-35)。

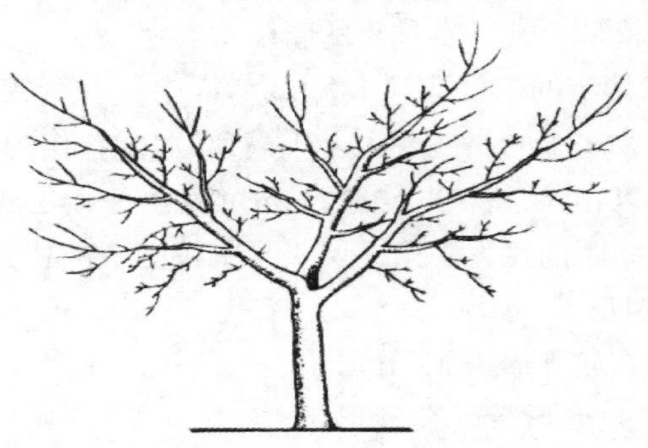

图 8-35　核桃树自然开心形

2. *疏散分层形*

栽培条件好，树势较强、密度较小时，早实核桃品种也可以培养成有主干的疏散分层形。

(1)定干　疏散分层形树形的定干同开心形。

(2)培养树形　与开心形树形的不同点是有中心干，因此，要求

栽植大苗。定植小苗树形培养不好，容易卡脖子。有中心干的树形要求中心干与主枝之间有一定的比例，即1.5∶1。这样，中心干长势强，可以起到中心领导干的作用，即为培养第二层主枝打好基础。

第一步：先定干。当年定植大苗，定干高度为1~1.2米，整形带为20厘米，干高留0.8~1.0米。

第二步：2~3年，选留中心干和第一层的三大主枝(图8-36)。

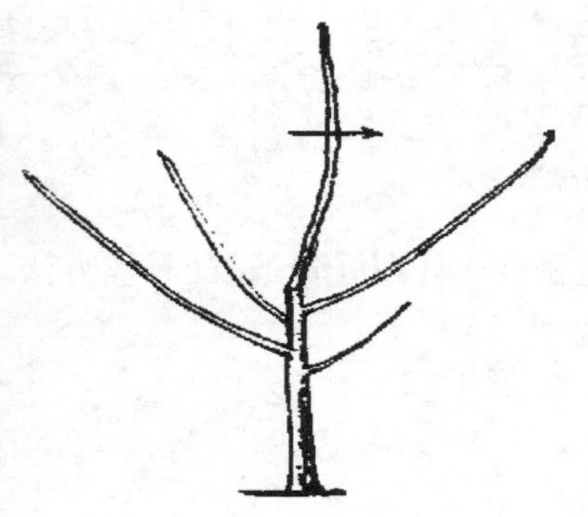

图8-36 疏散分层形中心干的剪截

图8-37 疏散分层形侧枝的选留

第三步：3~4年，选留各主枝的第一层侧枝(同开心形)。

第四步：4~5年，第二、第三侧枝的选留(同开心形)(图8-37)。

第五步：5~6年，选留第二层主枝2个，同时选留第一层的第三、第四侧枝。第一层与第二层的间距为1.5~2.0米(图8-38)。

第六步：6~7年，选留第二层的第一、第二侧枝，同第一层主枝。至此，疏散分层性的树形基本完成。进入盛果期后光照不足时，可开心去顶，形成改良性的疏散分层性，即两层五大主枝。

2. 修剪

早实核桃品种分枝多，常常发生二次枝，生长快，成形早，结果多，易早衰。幼年健壮时，枝条多、直，造成树冠紊乱。衰弱时枝条干枯死亡。在修剪上除培养好主、侧枝，维持好树形外，还应

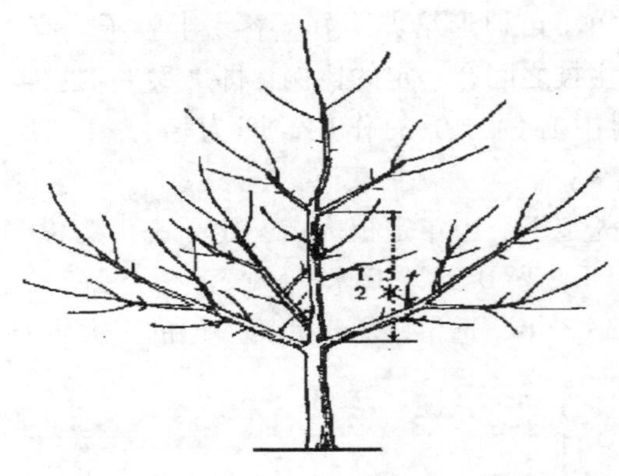

图 8-38　核桃树疏散分层形

该控制二次枝和利用二次枝。疏除过密枝，处理好背下枝(具体方法见修剪方法)。

五、晚实核桃品种的修剪

(一)晚实核桃品种的整形

晚实核桃由于侧花芽结果能力差，侧芽萌芽率低，成枝率高，常采用具有主干的疏散分层形或自然圆头形，层间距较早实核桃大，一般为 1.5~2.0 米。但在个别地方立地条件较差的情况下，也可以培养成无主干的自然开心形。

(二)晚实核桃树的修剪

晚实核桃品种的修剪较早实核桃品种重。晚实品种一般没有二次枝生长，条件好，1 年生枝可以长到 2 米以上；条件不好，只能长到 50 厘米。为了培养成良好的树形，在修剪中一般多短截，促进分枝。当冠内枝条密度达到一定的时候，对中、长枝才可缓放。前期主要是短截，扩大树冠的主侧枝需要留外芽壮芽短截，辅养枝、结果枝组也要留带头枝，促进分枝，尽快使树体枝繁叶茂。

进入结果时期，大量结果后，修剪程度和早实核桃基本相似，区别不大。

六、不同年龄时期及不同类型树的修剪

(一)幼龄核桃树的修剪

核桃树在幼龄时期修剪的主要任务是继续培养主、侧枝，注意平衡树势，适当利用辅养枝早期结果，开始培养结果枝组等。

主枝和侧枝的延长枝，在有空间的条件下，应继续留头延长生长，对延长枝中截或轻截即可。

对于辅养枝应在有空间的情况下保留，逐渐改造成结果枝组，没有空间的情况下对其进行疏除，以利通风透光，尽量扩大结果部位。

核桃的背后枝长势很强，晚实核桃的背下枝，其生长势比早实核桃更强。对于背后枝的处理，要看基枝的着生情况而定。凡延长部位开张，长势正常的，应及早剪除；如延长部位势力弱或分枝角度较小，可利用背后枝换头。

培养结果枝组主要是用先放后缩的方法。在早实核桃上，对生长旺盛的长枝，以甩放或轻剪为宜。修剪越轻，发枝量和果枝数越多，且二次枝数量减少。在晚实核桃上，常采用短截旺盛发育枝的方法增加分枝。但短截枝的数量不宜过多，一般为1/3左右。短截的长度，可根据发育枝的长短，进行中、轻度短截。

(二)盛果期核桃树的修剪

核桃树在盛果时期修剪的主要任务是调节生长与结果的关系，不断改善树冠内的通风透光条件，加强结果枝组的培养与更新。

对于疏散分层形树，此期应逐年落头去顶，以解决上部光照问题。盛果期初期，各级主枝需继续扩大生长，这时应注意控制背后枝，保持原头生长势。当树冠枝展已扩展到计划大小时，可采用交替回缩换头的方法，控制枝头向外伸展。

随着树冠的不断扩大和枝量的不断增加，除继续加强对结果枝组的培养利用外，还应不断地进行复壮更新。对2~3年生的小枝组，可采用去弱留强的办法，不断扩大营养面积，增加结果枝数量。

对于徒长枝，可视树冠内部枝条的分布情况而定。如枝条已很密挤，就直接剪去。如果其附近结果枝组已显衰弱，可利用徒长枝培养成结果枝组，以填补空间或更替衰弱的结果枝组。选留的徒长枝分枝后，可根据空间大小确定截留长度。为了促其提早分枝，可进行摘心或轻短截，以加速结果枝组的形成。

对于过密、重叠、交叉、细弱、病虫、干枯枝等，要及时除去，以减少不必要地消耗养分和改善树冠内部的通风透光条件等。

（三）衰老期核桃树的修剪

老核桃树主要是更新修剪。随着树龄的增大，骨干枝逐渐枯萎，树冠变小，生长明显变弱，枝条生长量小，结果能力显著下降。对这种老树需进行更新修剪，复壮树势。

修剪应采取抑前促后的方法，对各级骨干枝进行不同程度的回缩，抬高角度，防止下垂。枝组内应采用去弱留强、去老留新的修剪方法，疏除过多的雄花枝和枯死枝。

对于已经出现严重焦梢，生长极度衰弱的老树，可采用主枝或主干回缩的更新方法。一般锯掉主枝或主干回缩的1/5~1/3，使其重新形成树冠。

（四）放任树的修剪

1. 放任树的表现

（1）大枝过多，层次不清，枝条紊乱，从属关系不明。主枝多轮生、叠生、并生。第一层主枝常有4~7个，盛果期树中心干弱。

（2）由于主枝延伸过长，先端密挤，基部秃裸，造成树冠郁闭，通风透光不良，内膛空虚，结果部位外移。

（3）结果枝细弱，连续结果能力降低，落果严重，坐果率一般只有20%~30%，产量很低。

（4）衰老树外围焦梢，结实能力很低，甚至形不成花芽。从大枝的中下部萌生大量徒长枝，形成自然更新，重新构成树冠，连续几年产量很低。

2. 放任树的改造方法

（1）树形的改造

放任生长的树形多种多样，应本着"因树修剪、随枝作形"的原则，根据情况区别对待。中心干明显的树改造为主干疏层形，中心干很弱或无中心干的树改造为自然开心形。

(2)大枝的选留

大枝过多是一般放任树的主要矛盾，应该首先解决好。修剪时要对树体进行全面分析，通盘考虑，重点疏除密挤的重叠枝、并生枝、交叉枝和病虫危害枝。主干疏层形留5~7个主枝，主要是第一层要选留好，一般可选留3~4个。自然开心形可选留3~4个主枝。为避免一次疏除大枝过多，可以对一部分交叉重叠的大枝先行回缩，分年处理。但实践证明，40~50年生的大树，只要不是疏过多的大枝，一般不会影响树势。相反，由于减少了养分消耗，改善了光照，树势得以较快复壮。去掉一些大枝，虽然当时显得空一些，但内膛枝组很快占满，实现立体结果。对于较旺的壮树，则应分年疏除，否则引起长势更旺。

(3)中型枝的处理

在大枝除掉后，总体上大大改善了通风透光条件，为复壮树势充实内膛创造了条件，但在局部仍显得密挤。处理时要选留一定数量的侧枝，其余枝条采取疏间和回缩相结合的方法。中型枝处理原则是大枝疏除较多，中型枝则少除，否则要去掉的中型枝可一次疏除。

(4)外围枝的调整

对于冗长细弱、下垂枝，必须适度同缩，抬高角度。衰老树的外围枝大部分是中短果枝和雄花枝，应适当疏间和回缩，用粗壮的枝带头。

(5)结果枝组的调整

当树体营养得到调整，通风透光条件得到改善后，结果枝组有了复壮的机会，这时应对结果枝组进行调整，其原则是根据树体结构、空间大小、枝组类型(大、中、小型)和枝组的生长势来确定。对于枝组过多的树，要选留生长健壮的枝组，疏除衰弱的树组。有空间的要让继续发展，空间小的可适当回缩。

(6)内膛枝组的培养

利用内膛徒长树进行改造。据调查，改造修剪后的大树内膛结实率可达34.5%。培养结果枝组常用两种方法：一是先放后缩，即对中庸徒长枝第一年放，第二年缩剪，将枝组引向两则；二是先截后放，对中庸徒长枝先短截，促进分枝，然后再对分枝适当处理，第一年留5~7个芽重短截，徒长、直立旺长枝，用弱枝当头缓放，促其成花结果。这种方法培养的枝组结果能力强，寿命长。

3. 放任生长树的分年改造

根据各地生产经验，放任树的改造大致可分3年完成，以后可按常规修剪方法进行。

第一年：以疏除过多的大枝为主，从整体上解决树冠郁闭的问题，改善树体结构，复壮树势。修剪量占整个改造的40%~50%。

第二年：以调整外围枝和处理中型枝为主，这一年修剪量占20%~30%。

第三年：以结果枝组的整理复壮和培养内膛结果枝组为主，修剪量占20%~30%。

上述修剪量应根据立地条件、树龄、树势、枝量多少及时灵活掌握，不可千篇一律。各大、中、小枝的处理也必须全盘考虑，有机配合。

(五)高接树树形和修剪

高接树的整形修剪是促进其尽快恢复树势、提高产量的重要措施。高接树由于截去了头或大枝，当年就能抽生3~6个生长量均超过60厘米以上的大枝，有的枝长近2米，如不加以合理修剪，就会使枝条上的大量侧芽萌发，早实核桃易形成大量果枝，结果后下部枝条枯死，难以形成延长枝，使树冠形成缓慢，不能尽快恢复树势，提高产量。

高接树当年抽生的枝条较多，萌芽多达几十个，需要及时抹芽定枝，确定将来需要作为骨干枝的新梢要有意培养3~5天检查一次，随时修剪抹芽，以免浪费营养并造成伤口，做好高接后前三个月的修剪工作非常重要。在秋末落叶前或翌年春发芽前，对选留做骨干枝的枝条（主枝、侧枝），可在枝条的中、上部饱满芽处短截（选留长度以不超过60厘米为宜）（图8-39），以减少果枝数量，促进剪口下第一、二个芽抽枝生长。这样经过2～3年，利用砧木庞大的根系能促使枝条旺盛生长的特点，根据高接部位和嫁接头数，将高接树培养成有中央领导干的疏散分层形（图6-40）或开心形树形。一般单头高接的四旁树，宜培养成疏散分层形；田间多头高接和单头高接部位较高的核桃树，宜培养成开心形。

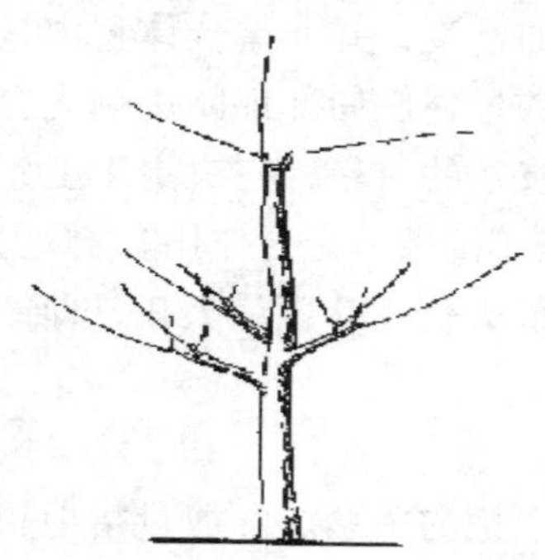

图8-39　高接树在修剪之前　　**图8-40　高接树在修剪之后**

（本文部分插图来自吴国良、段良骅编绘《现代核桃整形修剪技术图解》）

七、整形修剪与产量和品质的关系

（一）树形与产量的关系

1. 开心形树形与产量的关系

开心形树形是根据立地条件、品种和栽培技术而确定的。一般开心形树形的密度较大，亩栽33～55株，成形快，结果早。因此，前期的产量增加快，如果标准化建园、园艺化管理，第4年亩产可达20～40千克，6年可达50～100千克，8年可达100～150千克，最大产量可达200千克，进入盛果期。

2. 疏散分层形树形与产量的关系

立地条件较好的地方，可选择较丰产的品种，密度较小一些，一般亩栽22～33 株。相对来讲，前期的结果较迟，前期产量较低，因为单位面积的株数较少。但单株体积很快变大，初果期树包括中心干，可算为四大主枝，当形成第二层主枝时，加上中心干的头，相当于六大主枝，也就是说，成形时的体积相当于开心形的两倍。因此说疏散分层形是最高产的树形，要求对光照的考虑更严格。

(二)密度与产量的关系

核桃园密度与产量的关系有两层意思，除与栽植株数有关外，一是枝条密度，枝条的密度决定叶幕的密度，并非单位体积内枝条越多越好，过多的枝条会增加叶片的数量，使局部郁闭影响光合作用，光能转化率不能达到最佳。二是枝条的质量，它决定于上年的母枝质量。核桃园的经营是在经营叶幕(枝条，光合作用)，修剪技术是在培养光合效能最大化下的枝条最大化，叶幕最大化，即产量最大化。

(三)修剪与产量的关系

修剪与产量的关系是指修剪量与产量的关系。修剪量指剪掉枝条的数量和质量。剪什么枝条，剪多少枝条，留成什么样子最有利结果，有利结果的质量，这就是技术的内涵。高水平的技术员，修剪恰到好处。

1. 枝角与产量

核桃树的修剪在我国虽然有较长的历史，但从研究来讲尚属较低水平。在大量各类年龄时期的核桃园中，理想的树形不多。幼树期间首先要把主枝的角度控制在75°～80°，极性强的品种枝条硬，控制在80°，极性较弱，枝条较软的品种可控制在75°。

角度开张树形的光照条件好。调查发现，角度开张，大枝少小枝多。即“大枝亮堂堂，小枝闹嚷嚷”。大枝少对光照的遮挡就少，同时也没有光秃枝。在相同体积内有效枝条多，光合强度大，光合效率高，产量就高。

2. 枝角与品质

同理，枝角合理，结果母枝的数量多，质量均衡，开花的质量也好，坐果后到成熟前的光照充足，光合效能好，碳水化合物多，因此品质也好。

八、修剪与树势的关系

核桃树的修剪对树势产生一定的影响，首先是改变了光路和水路。剪掉一部分枝条就腾出一片空间，光线就进入树体，改善了光照条件；剪掉一部分枝条就减少了对水分的消耗，从而对节省的水分进行了再分配，使留下的枝条得到更多的水分，这就是修剪对树势影响的根本原因。修剪对树的大小是减少，但留下来的枝条质量是提高了，生长势是增强了。如果修剪量太大，大砍大拉，伤口增多，树势反而削弱了。

（一）树势评价体系

1. 树势与立地条件

立地条件好，树势就强。因此国外核桃园基本上都在平地建园，并且有灌溉条件。山地核桃园，修剪要轻，切忌造大伤口，解决好通风透光。

2. 树势与土肥水管理

土肥水管理条件好，树势就强。修剪能够发挥最大效益，容易达到预期的效果。

3. 伤口对树势的影响

俗话说，“人活脸树活皮。”有修剪就有伤口，但修剪越早伤口就越少。胸中有棵树，修剪自然有招数。不需要的枝条及早疏除，优柔寡断必成后患。

4. 伤口保护

伤口出现后应当及时保护，以免造成不良后果。2 厘米以下的伤口，修剪平滑即可，锋利的锯剪不会留下毛毛渣渣。2 厘米以上的伤口必须封涂伤口保护剂或油漆，消灭病菌，防止水分蒸发，保证剪口芽正常萌发。较大的伤口杀菌后用油漆涂严。老树上的伤口杀菌后，还可以用水泥等填充物封严。

（二）品种生长势评价

1. 短枝型品种

短枝型品种萌芽力较强，成枝力较弱。由于养分较平均地分配到各个芽，顶端抽生大枝的数量很少，即特点是大枝少短枝多。辽宁系品种具有代表性。

短枝型品种不一定生长势弱，平常认为短枝型品种就弱是错误的，应该说短枝型品种树势容易变弱。由于短枝型品种容易成花，结果多，控制不当常常使树势由强变弱。修剪技术的关键要着眼于平衡生长与结果关系，盛果期的树要保持55%的力量长树，45%的力量结果。

幼树期间是培养树形阶段，短枝型品种要适当多短截，促使形成较多大枝，尽快扩大树冠。进入结果期间，要及时疏除过多的二次枝，特别是细弱的短小枝条，保持冠内强壮清晰势态。盛果期及时回缩，保持结果枝组的旺盛结果能力。

2. 中枝型品种

中枝型品种是指中等长度的枝条比例较多的品种，萌芽力与成枝力均较高。一般中剪的延长枝，剪口附近的饱满芽，能够抽生3~5个中长枝，约占发枝数的1/4~1/3。节间距离中等，属于中枝型品种。特点是中短枝比例多，节间长居中。‘鲁光’‘香玲’品种具有代表性。

3. 长枝型品种

大多数旺长树属于长枝型品种。特点是长中枝较多，生长旺盛，结果较少。晚实品种大多数属于此类，如‘晋龙1号’‘晋龙2号’‘清香’等。早实核桃品种如‘中林1号’‘中林3号’‘西扶1号’‘薄壳香’等。节间较长，有些长达5厘米以上。

（三）修剪原则

1. 主枝、侧枝与结果枝组的比例

管理较好的树，主枝、侧枝与结果枝组有一个合理的比例，既

好看又实用。看起来大枝明晰，小枝繁多。实际上通风透光好，产量品质好，经济效益高。那么在盛果期的理论数字应该是 1∶5∶20（100～200 个新梢）。

2. 枝条（树冠）密度控制原则

核桃园枝条密度控制原则是前促后控。幼树期间适当多短截，促进尽快成形，增加枝量，以达到盛果期。盛果期前期，力争达到理想的主枝、侧枝与结果枝组的比例。从而达到丰产稳产，优质高效。

3. 各级骨干枝的角度

各级骨干枝的角度在树形结构形成、树体生长势、产量和品种方面都非常重要。因此在修剪实践中得出一些规范，请参考以下各级骨干枝角度参数。

（1）主干

主干、中心干与地面垂直，成 90°。这个理论来自树木生长极性，如果发现幼树主干角度小于 90°或中部弯曲，请设立支柱调直。垂直的主干及中心干生长势最强。

（2）主枝（角度与发生位置）

核桃树三大主枝的平角为 120°，可以合理占据空间。主枝发生的部位会影响中心干的生长势，即邻接着生会形成掐脖现象，抑制中心干的生长势。三大主枝临近着生，相互错开较合理。如果中心干的粗度大于主枝粗度的 50% 以上，邻接着生的影响不大。主枝与中心干的角度，基角为 65°、腰角为 75°～80°、梢角为 70°是理想的角度。这种树形结构的体积最大，其内部的空间较大，可容纳较多的结果枝组，并且对光能的利用率高。所以这种树形是最丰产、最省工、高效益。

（3）侧枝

侧枝与主枝的夹角为 45 度，向背斜下侧延伸生长，占据空间，形成大型枝组。侧枝上的枝组互不干扰，枝组内的枝条可交替生长，去弱留强，保持旺盛的生长结果能力。

（四）控制伤口原则

核桃树修剪免不了造成伤口，而伤口的位置、大小和数量会直接影响树势，所以，在核桃树的整形修剪中必须高度重视伤口的控制。

1. 部位

在主干上一般不造成伤口，主干上的伤口对树势影响最大。伤口的数量和面积越大影响越大。因此要尽量控制在主干上造成伤口，特别是较大的伤口。

2. 面积和数量

在整形修剪中尽量不造伤口，或少造伤口。万一需要处理枝条，造成伤口，也要考虑伤口的位置和面积。主干上的伤口直径不要超过主干粗度的1/3，数量不超过2个，而且不要在同一处连续造伤口；主枝上的伤口直径不要超过主枝粗度的1/4，数量不超过2个。新伤口须及时消毒处理，超过2厘米的伤口必须用封口剂保护。

（五）提高资源利用效率

1. 地下肥水资源的利用

核桃园的建立，会对地下肥水资源进行利用。资源利用是否充分，与前期栽植密度，树体生长和修剪管理有一定的影响。

2. 地上光热空气资源的利用

同样，新建核桃园对地上光热空气资源也会有效利用。修剪对顶部光照的利用非常重要，修剪好的树体，通风透光好，顶部和外部枝条的密度合理，光照可以透过树体2~3米，在不同部位可达到最佳光能利用。

3. 土地资源的利用

土地资源的利用与核桃园的栽植密度密切相关。密植园大于稀植园，生长快的核桃园大于生长慢的核桃园，树体高大的核桃园大于较小树体的核桃园。

第九章

核桃园成本管理与经营效益

经营好一个核桃园是一件不容易的事。特别是在农副产品市场逐年滑坡的今天，生产资料和工人工资在不断上涨，而产品价格在逐年下降。21 世纪初的十年间，核桃的价格在逐年上涨，每千克带壳核桃的价格从 22 元涨至 48 元，而 2013 年以后的带壳核桃由每千克 48 元下降到 22 元。当然了，优质的核桃在超市和电商那里价格仍然较高。究其原因：一是产量增加；二是经济有所萧条，尤其是煤炭业的滑坡，酒店饮食行业的萎缩；三是进口带壳核桃的增加。这样使核桃产业同其他产业一样，受到了一定的影响。不过这也是一个产业升级调整阶段，刚性需求还是有的。严酷的现实也使经营者清醒了许多。核桃产业要获得理想的经济收益，必须重视科技，科学经营。

一、成本管理

（一）质量是前提

生产资料的购买首先是保证质量，没有质量的低成本会使管理更糟糕。如种苗问题，过去大量购买品种混杂、质量低劣的苗木，造成目前某些地方高接改优等困难。不仅没有少花钱，反而还增加了新的投资管理。又如购买有机肥，不同季节购买的肥料质量不同，价格也不同。又如安装滴灌系统，购买质量低下的材料使用寿命很短，带来的管理费用增加，得不偿失。

（二）及早准备

核桃园的投资随着面积的增大而增大，在项目设计中已经明确总投资和分年度投资。每年的投资与投资项目内容应当及早考虑，所需生产资料和用工应当合理并及时安排。急用急买一定花钱较多，而质量还不好。在使用管理人员及技术人员上要慎重考虑。在使用普通工人方面也应该考虑周全。在生产力三要素中人是第一位的。同时核桃园随着树龄的增加，所使用的机械、工具等都在不断更新，必须及早准备。选用好的机械及工具工作效率高。日常使用的一次性的东西，或不能再次利用的东西，不要购买太贵的。用不完扔掉也是一种浪费。而能收回再次利用的东西，一定要爱护，教育工人养成珍惜资源、爱惜公司物品的好习惯。必要时要建立一定的规章制度，奖勤罚懒，培养五好工人。

（三）保养与维护

大型的核桃园，需要购买的机械较多，保养与维护显得非常重要。使用的柴、机油应当一次性多购一些，当然了，安全存放更加重要。除选择技术好、热爱机械、轻快且细心的驾驶能手外，定期保养很重要。农忙期间，应该天天检查，清理挂陷在轮中的杂草、污泥等，磨短、磨坏的零件及时更换，做到常用常新。冬季及农闲的时候，机械要存放在无风吹雨打的地方。有些工具使用后及时清洗，然后擦油保存。有些液体用后要拧好盖，防止挥发风干。

二、经营效益

（一）结果期与经营效益

核桃的结果期与品种有很大的关系。早实类型或早实品种，进入结果期较早，一般第二年则可开花结果。但从经营的角度来讲，能早开花是一个特性。生产上一般要求 3~5 年才让结果，幼树期间以长树为主。结果早，进入结果盛期早，就意味着前期投入少，收回成本的时间早。而且由于侧芽结果比例高，容易成花的特点，在盛果期的产量也高，所以早实品种结果早经营效益高。但是早实品

种需要的栽培条件较高，在肥水达不到该品种生长发育的需要时，核桃树会因结果多而累死。核桃树寿命缩短了，当然经营的经济效益也就低了。因此说，适地适树是个基本原则，违反生产发展规律是要受到惩罚的。

（二）经济寿命与经营效益

经济寿命是指核桃树在生命活动期间能创造较多经济效益的时间。早实品种的经济寿命一般在40~50年。立地条件和管理水平与之有较大的关系。立地条件主要是讲地势与土壤。背风向阳，土层深厚则寿命长。管理水平主要是讲肥水管理、修剪和病虫害防治。肥水管理能满足核桃树生长发育的需要。修剪合理，伤口少。病虫害能得到及时有效的控制。核桃树的经济寿命就长，否则就短。经济寿命长，经营效益就长。零星栽植的核桃树和林粮间作的核桃树寿命很长，我国西藏加查县的核桃树寿命高达几千年。内地的核桃产区百年大树随处可见。

（三）产量与经营效益

一般来讲，产量高经营效益就高。但是，在树势连年衰弱的情况下，产量高不一定效益就高。因为生产的核桃个儿小，卖不上价格。因此，产量是在有质量的前提下才会有高效益。我们讲栽培条件、栽培品种、管理技术，就是要保证品质，提高产量。这样才有生产的意义。一般来讲，大个儿的品种产量较低，小个儿的品种丰产性强。

（四）品质与经营效益

我国目前核桃品种较多，但是大个儿的品种单果比例较多，产量较低。小果品种的坐果率较高，双、三果比例较多。今后核桃经营效益与专用品种有关。最近几年鲜果销售较好，而鲜果品种多为大个儿的好卖，价格也高。假如油用品种市场拓展，那么含油量较高的品种就会价格高。所以，核桃园经营效益的高低要考虑诸多方面。

（五）加工与经营效益

大型核桃园或核桃种植大户，采收后会进行一系列的加工。即使简单的粗加工，也可增加经营效益。如进行分级和挑拣，采用各种类型的包装等进行销售。这样的经营效益要比销售混杂核桃要好得多。在农产品收购价格较低的今天，较大的公司开张深加工，可获得更高的经营效益。

（六）销售方式方法与经营效益

我国的核桃销售市场不够规范，很少有固定的市场。近几年出现了电商这一新型销售渠道，很火，好的核桃在网上销售，价格不菲。各地应当总结经验，建立销售渠道。在这方面云南、陕西、甘肃等地做得不错，目前已经建立了较好的销售平台。

（七）成本与经营效益

核桃园降低经营成本，需要做严密的计划管理，把美好的愿望变为现实。而掌握核桃管理的科学技术，充分发挥科技在核桃产业发展中的作用就比较困难。需要培养一批合格的技术人才。技术管理好，就可以减少成本，开源节流，真正实现降低成本，提高经营效益。开拓核桃产品的营销市场，改善坚果品质，会使核桃这一传统的农村、农民的经济支柱产业发展得更好。

参考文献

戴维·雷蒙斯主编，奚声珂，花晓梅，译.1990. 核桃园经营[M]. 北京：中国林业出版社.

高海生，刘秀凤，等.2007. 核桃贮藏与加工技术[M]. 北京：金盾出版社.

郝艳宾，王贵.2008，核桃精细管理十二个月[M]. 北京：中国农业出版社.

吕赞韶，王贵，等.1993. 核桃新品种优质高产栽培技术[M]. 太原：山西高校联合出版社.

裴东，鲁新政.2010. 中国核桃种质资源[M]. 北京：中国林业出版社.

王贵，等.2010. 核桃丰产栽培实用技术[M]. 北京：中国林业出版社.

王贵，等.2015. 现代核桃修剪手册[M]. 北京：中国林业出版社.

王贵，等.2017. 现代核桃管理手册[M]. 北京：中国农业出版社.

郗荣庭，等. 2015. 核桃—中国果树科学与实践[M]. 西安：陕西科学技术出版社.

郗荣庭，刘孟军.2005. 中国干果[M]. 北京：中国林业出版社.

Book of Abstracts Vii International Walnut Symposium Fenyang，China. 20 – 23 JULY，2013. P29 – 34.

D. L. Mcneil. 2010 . Proceedings of The Vi International Walnut Sympocium Ishs，P173 – 213.

University of California Division of Agriculture and Resources. 1998. P39 – 65.

附录　核桃栽培年周期管理工作历

月份	节气	物候期	主要工作内容
1～2月	小寒、大寒 立春、雨水	休眠期	整修地堰，垒作树盘。防治介壳虫、腐烂病。修剪枯枝，清理树叶杂草。备肥
3月	惊蛰、春分	萌芽期	刨树盘冻死越冬虫茧。春浇作畦。采穗封剪口。检查层积种子。枝接育苗。喷5波美度石硫合剂防治病虫
4月	清明、谷雨	萌芽展叶	播种育苗，未层积处理的种子浸泡裂口后播种。疏雄。接枝育苗。展叶呈握手状时高接。展叶后可修剪小枝
5月	立夏、小满	开花坐果	高接树除萌。防治金龟子等食叶害虫。刮治腐烂病。疏花疏果或保花保果。苗期除草、浇水，高接树逐渐放风，设立支柱，除萌
6月	芒种、夏至	新梢生长 果实膨大	重点防治举肢蛾、天牛、瘤蛾。夏剪、芽接。大树追施氮、磷肥，浇水，中耕除草。苗圃叶面喷肥。高接树除萌、绑缚防风折。芽补接
7月	小暑、大暑	果实硬核 花芽分化	地面撒药杀死举肢蛾老熟脱果幼虫。树上防治木橑尺蠖、袋蛾、天牛及黑斑病。追施磷钾肥，压绿肥，浇水
8月	立秋、处暑	核仁充实 成熟	防治举肢蛾、刺蛾、中耕除草、高接树摘心、喷激素控制旺长，松绑一次，防止缢伤
9月	白露、秋分	果实成熟	采收，脱青皮，漂洗，晾晒，贮藏坚果。整形修剪。施基肥
10月	寒露、霜降	叶变黄 落叶	整形修剪，施基肥，深翻扩穴。防治浮尘子，用1000倍氧化乐果，2000～3000倍的敌杀死。高接树去绑枝等，清理接口部位
11月	立冬、小雪	落叶	起苗，分级，假植，越冬保护，耕翻园地，灌水
12月	大雪、冬至	休眠	清理园地，翻地，施肥，浇冬水。整修地堰、树盘。秋播，层积种子，树干涂白，喷5波美度石硫合剂

枝枯病 *Melanconium oblongum* Berk

属于真菌性病害，是一种弱寄生菌。主要危害顶梢嫩枝。

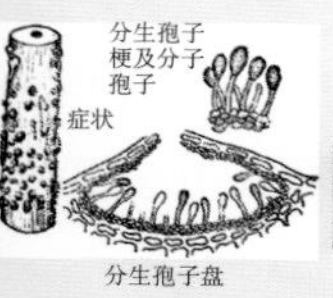

核桃枝枯病病原菌形态

核桃枝枯病危害枝干症状

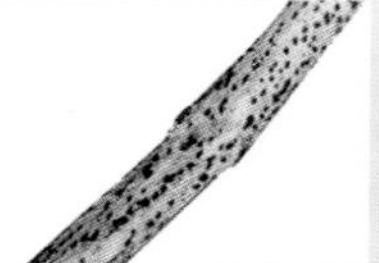
受害枝干上着生的黑色小粒点

受害的核桃干

腐烂病 *Cytospora juglangis* (DC.) Sacc.

又称烂皮病、黑水病，属于真菌性病害，病原菌为半知菌亚门的核桃壳囊孢菌。幼树多在主干和骨干枝上发病。

危害症状1

危害症状2

危害症状3

危害症状4

危害症状5

黑斑病 *Xanthomonas campestris* pv. *juglandis* (Pierce) Dowson

又称黑腐病，属于细菌性病害，病原菌为黄单胞杆菌属的甘蓝黑腐黄单胞菌核桃黑斑至病型。主要危害果实及叶片。

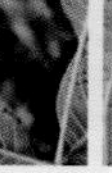
叶片发病症状1

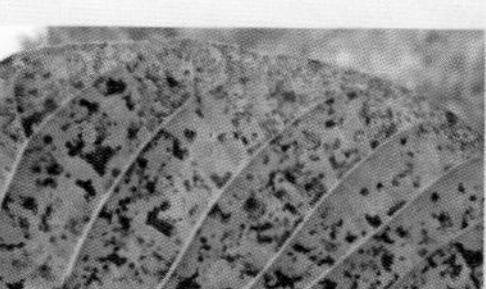
叶片发病症状2

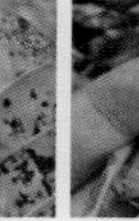
叶片发病症状3

幼果发病症状4

褐斑病 *Marssonina juglandis* (Lib.) Magn.

核桃褐斑病由真菌*Marssonina juglandis*侵染引起的危害植物叶片、嫩梢和果实的病害。

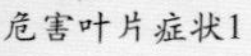
危害叶片症状1

危害叶片症状2

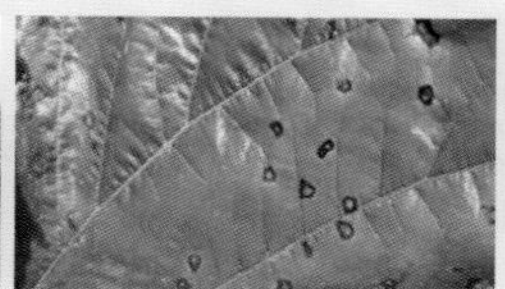
危害叶片症状3

危害叶片症状4

核桃主要病害形态特征及危害症状（一）

炭疽病 *Gloeosporium fructigenum* Berk

属于真菌性病害，病原菌为子囊菌亚门的围小丛壳菌，其无性阶段为半知菌亚门的胶孢炭疽菌。主要危害果实及叶片。

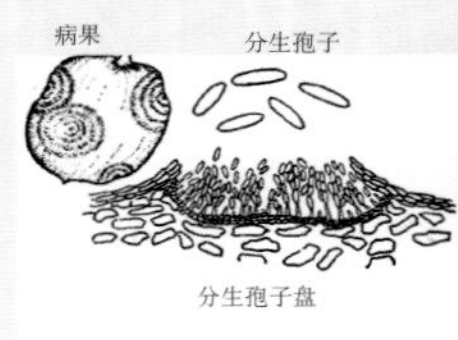

病原菌形态

初期症状

后期症状

叶片症状

溃疡病 *Botryosphaeria ribis* (Tode) Gross. et Dugg.

属于真菌性病害，病原菌为半知菌亚门腔孢纲球壳孢目聚生小穴壳菌。主要危害幼树的主干和嫩枝。

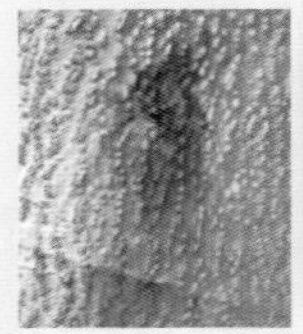
发病症状1

发病症状2

发病症状3

发病症状4

发病症状5

根腐病 *Fusarium* spp.

属于真菌性病害，病原菌为半知菌亚门丝孢纲瘤座孢目瘤座孢科镰刀孢属。

发病症状1

发病症状2

发病症状3

发病症状4

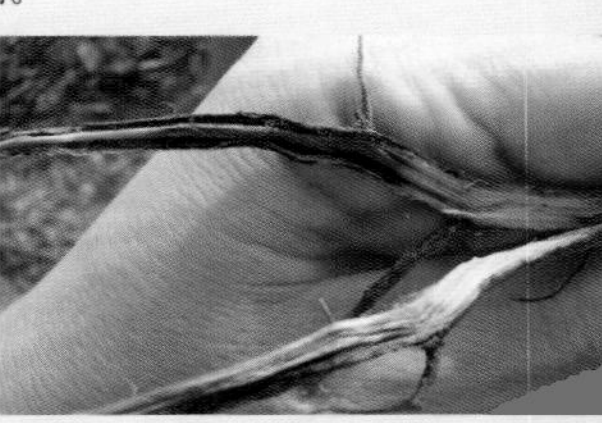
发病症状5

白粉病 *Microsphaera akebiae* Saw.; *Phyuactinia guttata* (Fr.) Lev.

属于真菌性病害。主要危害叶、幼芽和新梢。

叶片危害症状1

叶片危害症状2

叶片危害症状3

叶片危害症状4

核桃主要病害形态特征及危害症状（二）

肢蛾 *Atrijuglans hetaohei* Yang

名核桃黑、黑核桃，属于鳞翅目举肢蛾科。以幼虫蛀食核桃青皮、果壳和果仁，导致果皮、果仁干缩发黑，重影响核桃产量。

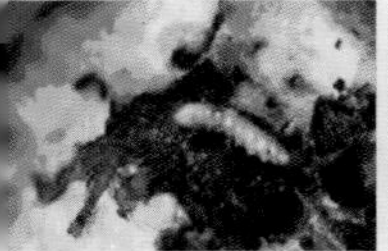
幼虫蛀食核桃青皮状

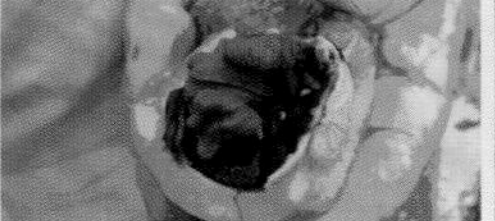
幼虫蛀食核桃果仁状

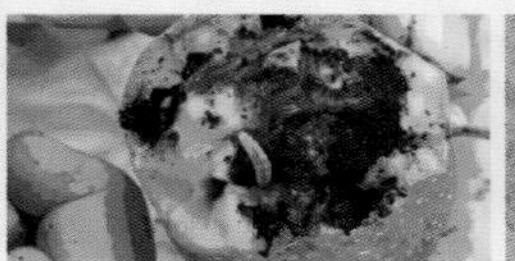
幼虫蛀食核桃果壳状

成虫形态

绒金龟子 *Serica orientalis*；*Maladera orientalis*

名东方绢金龟、天鹅绒金龟子，属于鞘翅目鳃金龟科。以幼虫危害地下部的幼嫩组织；成虫取食芽、叶、、果实。叶片被害后呈不规则的缺刻。

成虫取食叶片状

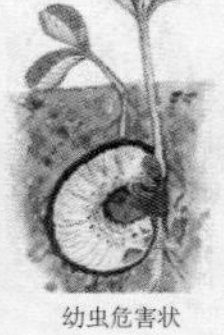

幼虫取食幼嫩组织状

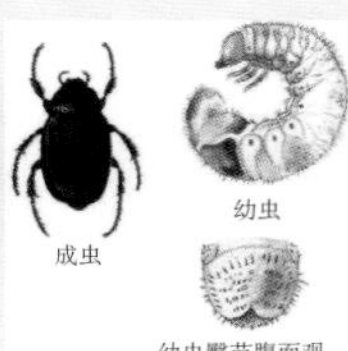

成虫、幼虫形态

成虫形态

刺蛾 *Cnidocampa flavescens* (Walker)

名扁刺蛾、八角虫、八角罐、带刺毛毛虫、毛虫，属于鳞翅目刺蛾科。幼虫取食叶片，造成孔洞或缺刻状。

幼虫群集危害叶片

幼虫形态

成虫形态

茧形态

叶蛾 *Acrocercops transecta* Meyrick

名核桃细蛾，属于鳞翅目细蛾科。幼虫在上表皮蛀食叶肉，形成不规则线形虫道，后扩大成白色泡斑。

危害后形成的虫道

危害后形成的泡斑

幼虫形态

成虫形态

核桃主要虫害形态特征及危害症状（一）

大青叶蝉 *Tettigella viridis*

又名青叶跳蝉、大绿浮尘子，属于同翅目叶蝉科。成虫、若虫刺吸汁液危害，成虫以其产卵器刺破树皮产卵，呈月牙状突起。

产卵危害后的月牙形斑块

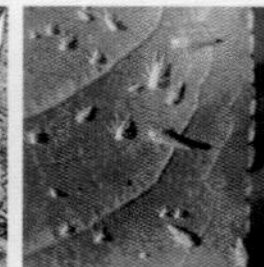

成虫产卵于树皮

成虫形态

成虫形态

草履介壳虫 *Drosicha contrahens*

又名草履蚧、草鞋介壳虫、柿裸蚧，属于同翅目硕蚧科。以若虫或雌成虫大量集中在1～2年生枝条上吸食汁液危害。

危害树干状1

危害树干状2

雄成虫

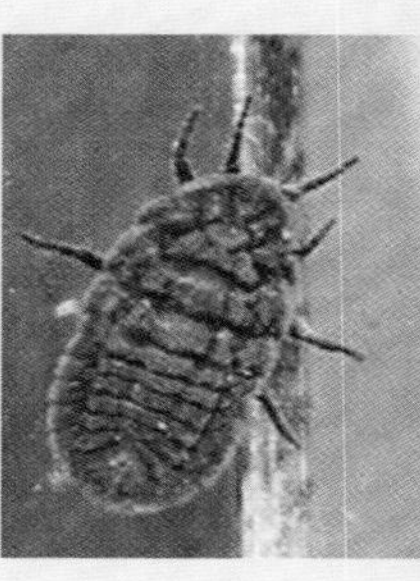
雌成虫

小吉丁虫 *Agrilus lewisiellus* Kere

又名串皮虫，属于鞘翅目吉丁虫科。以幼虫蛀入枝干皮层危害，或螺旋形串圈危害。

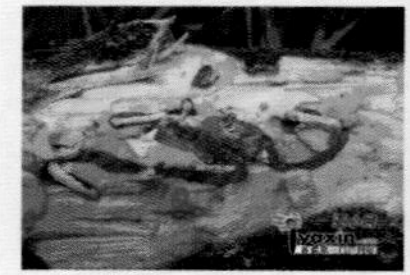
螺旋形虫道

幼虫蛀食枝条

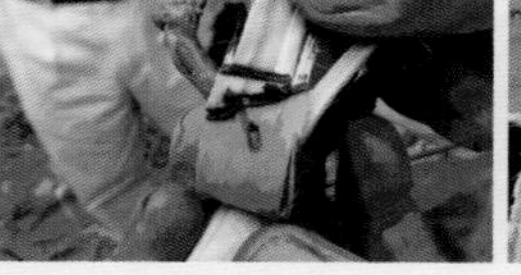
幼虫蛀食皮层

成虫形态

斑衣蜡蝉 *Lycorma delicatula* (White)

又名花姑娘、椿蹦、花蹦蹦，属于同翅目蜡蝉科。成虫、若虫刺吸寄主植物汁液，致使叶片萎缩、枝条畸形。

卵

低龄若虫

四龄若虫

大龄若虫

成虫形态

核桃主要虫害形态特征及危害症状（二）

责任编辑 ／ 李 敏　王 越

封面设计 ／ RICH VIEW 睿思视界视觉设计

ISBN 978-7-5219-0588-5

定 价：35.00 元